摄影与探险

U0353564

中国摄影出版社
China Photographic Publishing House

摄影与探险

[英] 詹姆斯·R. 瑞安　著

王　玉　译

中国摄影出版社

China Photographic Publishing House

图书在版编目（CIP）数据

摄影与探险 ／（英）詹姆斯·R. 瑞安
（James R.Ryan）著 ；王玉译 . -- 北京 ：中国摄影出版
社 ，2016.7
书名原文：Photography and Exploration
ISBN 978-7-5179-0474-8

Ⅰ . ①摄… Ⅱ . ①詹… ②王… Ⅲ . ①探险—世界—
摄影集 Ⅳ . ① N81-64

中国版本图书馆 CIP 数据核字 (2016) 第 160998 号

北京市版权局著作权合同登记章图字：01-2016-1497 号

摄影与探险

作　　者：［英］詹姆斯·R. 瑞安
译　　者：王　玉
出 品 人：赵迎新
责任编辑：盛　夏
版权编辑：黎旭欢
装帧设计：胡佳南
出　　版：中国摄影出版社
　　　　　地址：北京市东城区东四十二条 48 号　邮编：100007
　　　　　发行部：010-65136125 65280977
　　　　　网址：www.cpph.com
　　　　　邮箱：distribution@cpph.com
印　　刷：天津图文方嘉印刷有限公司
开　　本：32 开
印　　张：6.125
版　　次：2016年8月第1版
印　　次：2020年10月第1次印刷
ISBN 978-7-5179-0474-8
定　　价：59.00 元

目　录

图1

赫伯特·庞廷拍摄，"斯科特上校在小屋中"，1911 年
10 月 7 日，明胶银盐照片。

第一章
开启摄影之旅

　　1910年，英国海军上校罗伯特·福尔肯·斯科特（Robert Falcon Scott，1868—1912）开始他曲折多舛的英国南极探险之旅时，选择了一位著名的专业摄影师——赫伯特·庞廷（Herbert Ponting，1870—1935）作为这次旅程的官方摄影师。之所以选择庞廷而不是一位训练有素的海军军官，是因为斯科特下定决心要制作出引人注目而又精确清晰的探险画面。他的这一决定也表明了在20世纪初期，摄影作为一种艺术兼科学媒介，在探险文化中的中心地位。庞廷最有名的照片之一，展现的就是斯科特上校于1911年10月在埃文斯海角（Cape Evans）的"小屋"中工作的样子（图1）。在这张精心捕捉的照片中，斯科特一手执铅笔，另一手握着烟斗，正在写日记，显然已经忘了相机和摄影师的存在。四周墙上是他的一些生活必需品：书籍、衣物、怀表，还有妻儿的照片。置物架旁边放着一面小小的英国国旗，床上是他珍视的海军军装外套。在庞廷眼中，这些探险照片让人们永远记住了斯科特和他的队员，并激发了"对探险的热爱，这种热爱激励了我们伟大的大英帝国的所有建设者"。[1] 他谴责所有将这次探险视为某种"竞赛"的言论，并在返回伦敦后致信《泰晤士报》

（*The Times*）抗议，称斯科特的旅程并不只是"冲向南极"，而是"一次伟大的科学探险——或许是有史以来全世界最伟大的一次"。[2] 庞廷关于斯科特及其探险队员的照片最初计划通过公共及私人消费获利，然而，1912年斯科特及其四个同伴在抵达南极不久后去世，自此庞廷的照片价值倍增，构成了现代探险活动与探险家的共同记忆，并一直延续至今。

像这样的探险照片是构成关于探险家的现代神话的基石，这些勇者以身试险，对抗恶劣的自然环境，以达到某种理想。探险家的形象在19世纪后半叶达到了最有力的影响，在当时的英国和美国，媒体报道的那些轰动一时的新闻让人们大感满足并痴迷于民族英雄对抗自然的惊险故事，英雄们总是处在偏僻而险恶的环境中，像"最黑暗"的非洲，或是荒无人烟的北极。探险家、媒体、出版社、科学社团，甚至整个帝国的君主都参与发酵了一种复杂的"探险文化"，其遗迹至今可寻。[3] 然而，摄影作为传说与记忆的载体虽然意义非凡，但它在探险文化形成中的重要性直至近期才引起了学术研究的注意。如今在关于探险历史的书籍中，照片可谓随处可见，但它们通常都是从有限的材料库中挑选出来的，只是为了给描写人类对抗险恶环境的枯燥文字添几分生气，几乎没有任何研究致力于探索摄影与探险之间具有的历史性复杂关系。这些照片是如何拍摄、流传、展示给世人的？又为何会如此？摄影怎样影响着探险家的旅行和观察活动？当时的照片观赏者又是如何解读照片所呈现出的可靠证据的？正是一些这样的问题激发了本书的创作。

在这里，探险被理解为一种对尚未发现的土地、人、自然、现象的新信息的搜寻与记录。现如今，探险作为一种单纯的冒险活动，一种勇敢无畏的个人探寻未知世界的行为，已经不再被专家学者、著名的传记作家或者是持批判态度的读者所重视。乐观、博学、强壮的白人探险家给科学、民族和君权带来了死亡与危险，正如他们的大多数追随者一样，也一步步走向了悲惨的死亡。西方思想的后殖民主义批判，以及关于非西方地区和人民的文章起到了催化剂的作用，人们开始从现实与想象两个层面深入研究西方帝国主义的探险活动。欧洲与美国的探险家并不是去"探寻"关于某些地区与人民的真相，而是去构建"另一种形态"，这种形态之下，西方世界对政治支配的优越与"正义"的幻想得以投射彰显。[4] 近代越来越多的学者扩展了这一批判性框架，以书面探险资料发展出某种焦点，研究探险活动是怎样以各种不相同的方式，被各种不同的活动、规则，以及包括探险家、赞助者、科学社团、出版商、政府与公众在内的各种关系所左右的。[5] 这一工作拷问的是探险家在这一领域究竟做了什么，他们如何记录自己的工作，他们怎样与广大受众交流这一活动，与不同地区、不同的人的接触如何改变了他们的世界观。[6]

早期的摄影与探险

1839年，法国人路易-雅克-芒代·达盖尔（Louis-Jacques-Mandé Daguerre）发明了在涂有碘化银的铜版上进行曝光的摄影法。同一时期，英国的威廉·亨利·福克斯·塔尔博特（William Henry Fox Talbot）公布了自己在银盐感光纸上制作负片的研究进程。这是两种完全不同的技术，达盖尔银版摄影法（the daguerreotype）制作出的是一次性照片，而福克斯·塔尔博特的方法——碘化银纸摄影法或者叫作卡罗式摄影法，则可以复洗出无数张正像照片。虽然如此，两种技术的出发点都是希望利用化学和光学技术来永久保存相机所捕捉到的自然画面。新兴的摄影艺术的积极实践者迅速将旅行与探险作为一个重要的主题。加斯帕德·乔利·德洛特比尼埃（Gaspard Joly de Lotbinière，1798—1865）在掌握了银版摄影法之后不久，就带着设备来到了希腊和中东地区，第一次用这种摄影法拍摄了雅典和埃及的历史遗址。后来他的部分作品被收录进了《达盖尔之眼：全球卓越建筑、景观影集》和《埃及、努比亚全景，配穆罕默德·阿里帕夏肖像和图文解说》中。前者囊括了很多早期探险家用银版摄影法拍摄的版画，后者于1841年在巴黎出版。

很快，英国人也开始尝试将这一新技术应用到各种海外探险活动中。例如，"摄影"（photography）一词的创造者、英国科学家约翰·赫歇尔爵士（Sir John Herschel，1792—1871），就曾试图在1839—1843年的英国南极探险活动中使用摄影设备，但是失败了。[7] 摄影设备真正被使用是在1845年，约翰·富兰克林爵士（Sir John Franklin）的最后一次南极之旅中，然而那次致命的远航并没有留下任何照片或者摄影设备的遗迹。[8] 虽然人们在早期进行了诸多尝试，但摄影技术在探险中的应用发展缓慢，而且并不稳定。想要成为摄影师兼探险家，需要具备技术能力和化学知识，还要能够掌控庞大的设备。与此同时，可靠的笔记、水彩画和素描还依然在这一领域中提供着便捷、实用的影像记录服务。

19世纪50年代，一大批独立的欧洲旅行者采用卡罗式摄影法拍摄了他们的埃及之旅，其中包括像约翰·格林（John Green）和奥古斯特·萨尔兹曼（Auguste Salzmann，1854）这样的艺术家和考古学家，还有像费利克斯·泰纳（Félix Teynard）这样的工程师。1849—1851年期间，马克西姆·杜坎（Maxime Du Camp）师从摄影师古斯塔夫·雷·格瑞（Gustave Le Gray）学习摄影，在一

10

位作家朋友居斯塔夫·福楼拜（Gustave Flaubert）的陪同下，携带着摄影器材来到埃及和近东，拍摄了200多张有关风景和历史遗址的负片，其中包括位于阿布辛贝（Abu Simbel）的由拉美西斯二世（Rameses II）建造的岩窟神庙（图2）。在这些照片中，有125张于1852年在《埃及、努比亚、巴勒斯坦和叙利亚》（*Égypte、Nubie、Palestine et Syrie*）一书上发表并获得了一致好评，这些都是最早、最昂贵的有原版照片插图的书籍之一。杜坎认为自己是那些著名的文学游者的继承者，而不是一名艺术摄影师——这一头衔很快就被他抛弃了，他的照片倾向于用一种直接、非戏剧性的方式来记录那些令人惊叹的画面。

19世纪50年代摄影仪器的改进，尤其是费德里克·斯科特·阿切尔（Frederick Scott Archer）在1848年发明了湿版摄影法或者叫作火棉胶摄影法，降低了摄影的成本，但需要摄影师具备一定的技术能力，还要携带一组笨重的设备，包括一些玻璃版、有毒的化学物质和一个可随身携带的暗箱。虽然有以上种种困难，许多商业摄影师依然选用这种方法，因为它的曝光时间只有短短几秒钟，其他摄影方法则需要好几分钟，而且这种方法拍摄出的照片纹理清晰、细节鲜明。英国专业摄影师弗朗西斯·弗里思（Francis Frith, 1822—1898）在1856—1860年间的三次埃及之旅中，采用火棉胶摄影法与立体摄影术拍摄了很多照片，使得他在包容性极强的欧洲市场中一跃成为成功的商业摄影师。

1860年，不断壮大的中产阶级开始追求教育与自我提升，"大旅行"（Grand Tour，游历传统古国地中海、埃及和"圣地"巴勒斯坦的旅行）成为潮流。英国的弗朗西斯·弗里思、法国的阿道夫·布劳恩（Adolphe Braun）和意大利的阿里纳利兄弟（the Alinari Brothers）等大型商业摄影工作室为了迎合这一需求，开始大量摄制"地形图片"，大大刺激了人们去追求文学作品、印刷品和版画中早已展现出的那些旅行与探险活动。摄影师们在拍摄人们所熟知的欧洲和地中海景色的同时，还拍摄了很多完全陌生的风景，开阔了人们的视野。例如，1866年，苏格兰摄影师约翰·汤姆逊（John Thomson，1837—1921）历时4个月从泰国游历到柬埔寨，期间他首次用相机记录下了吴哥的伟大庙窟，并将部分照片发表在《柬埔寨文物》（*The Antiquities of Cambodia*，爱丁堡，1867）上，这是早期一本附有个人拍摄照片插图的经典书籍。摄影让人们足不出户就可以见识到空前逼真的世界奇观，并对探险摄影师产生无限的感激之情，是他们的付出与努力带来了这些视觉盛宴。

图3
加斯东·蒂桑迪耶，"摄影与探险"，1876年，版画。

FIG. 74   [Page 302

PHOTOGRAPHY AND EXPLORATION.

在之后的数年里，无论是对于独立探险家还是职业摄影师来说，摄影变得越来越简易。到19世纪70年代中期，包括法国有影响力的科学作家兼热气球驾驶员加斯东·蒂桑迪耶（Gaston Tissandier，1843—1899）在内的社会评论员都声称户外摄影者已经可以自己一个人背运摄影必需设备了。[9] 两年后，皇家地理学会（Royal Geographical Society，RGS）出版的《游客提示》（Hints to Travellers）鼓励探险者进行摄影，并认为干版摄影法让人们随时随地进行拍照成为可能。事实上，正如蒂桑迪耶的《摄影历史手册》（A History and Handbook of Photography，1876）中，那幅展现一位摄影师及其助手的版画所示，摄影与探险一直是一种需求的结合产物（图3）。虽然干版摄影法的出现为户外摄影师带来了很大的方便，但是直到19世纪80年代后的很长一段时间，仍有一部分专业摄影师采用湿版摄影法。

早期的社会评论员们认为，相比于传统的影像描绘方法，照片带来了极大的便利。正如蒂桑迪耶所说："没有人可以否认它的准确性。照片所呈现的就是物体本身……不会有任何缺失。油画或者水彩画永远无法达到如此高的精确度。"[10] 画家可能会试图通过删减和丰富某些细节来增加画作的美感，但是摄影师别无选择，只能原原本本地拍下某个自然物体。作为一名摄影师、地理学家兼皇家地理学会的官方摄影指导约翰·汤姆逊还是蒂桑迪耶作品的英文版本编辑，他一直孜孜不倦地宣扬摄影的作用。1891年，在英国科学促进协会（the British Association for the Advancement of Science）的一次题为"摄影与探险"的演讲中，汤姆逊讲到："对于真理和一切恒久不变的事物来说，摄影是绝对值得信任的。我们现在所取得的成就预示着在未来的每个科学领域中，摄影都会发挥巨大的作用。"[11]

摄影与探险互相作用的历史是科技进步史的一部分。最早的摄影方法，尤其是19世纪40年代的银版摄影法和卡罗式摄影法，因设备笨重不便携带，以及操作复杂而无法广泛应用于户外探险。随着科技的发展，从19世纪50年代的火棉胶摄影法到19世纪70年代的干版摄影法，再到19世纪80年代胶卷的出现，摄影对专业能力的要求越来越低。而19世纪70年代后期出现的溴化银明胶干版法和19世纪80年代的赛璐珞胶片更是让摄影进一步实现"拍立得"。到1890年，已经有大量专门设计的摄影设备可供摄影师和探险家选择了。1888年，乔治·伊士曼（George Eastman）的柯达盒式胶卷相机为旅行和摄影带来了全新的市场。这种相机不仅实用、小巧、便携，而且实现了拍照与负片处理的分离。用每卷100张的赛璐珞胶片拍出底片后，把相机送到工厂进行处理即可。正如柯达令人记忆犹新的广告所说："你只需按下快门，剩下的交给我们。"一些专业摄影师和职业的探险摄影师对于这一畅销的新科技并不买账，依然选择更加专业的摄影设备并坚持自己动手处理底片，然而其他大部分人却对柯达相机带来的便捷十分欢迎。1899年，英国摄影师兼探险家哈尔福德·麦金德（Halford Mackinder）在肯尼亚山（Mount Kenya）探险时使用的就是柯达相机。

随着摄影技术的发展，摄影设备更加实用、便携，越来越多的人开始利用摄影，比如地理学家、地图学家、人类学家、植物学家、地质学家、传教士、军官、殖民地官员等，这些人都不同程度地进行着各种探险，尤其是要去探寻新领地或者参与大规模的西方殖民扩张。相机给探险家带来了地位和荣誉，作为一种客观的象征，在描述探险家如何英勇的种种文字和图像表述中，相片起着重要的作用。例如，1929年1月，比利时《二十世纪报》（*Le Ving-*

tième Siècle）的儿童版（*Le Petit Vingtième*）副刊上连载了一本连环画，画的是顶尖记者"丁丁"的历险故事。报纸的附录上写道："儿童版的编辑承诺，所有的照片都是真实可信的，它们由丁丁本人在小狗雪球的协助下拍摄。"对于如今的《丁丁历险记》读者来说，这一说法是十分荒谬的，因为作者埃尔热（Hergé）的画作虽然很完美，而且一些背景细节都是模仿真实照片所绘，但它们毕竟不是真正的照片。强调照片的真实性只是一种修辞手段，意欲使这种新兴的艺术方式更加可信。[12] 埃尔热的作品《丁丁在刚果》（*Tintin au Congo*）于1931年以黑白画的形式出版，在这部书中，主人公丁丁是一名勇敢的探险家，带着枪和相机去拍摄各种异国风景（图4）。虽然埃尔热给了丁丁一部电影摄像机，但他后来在环球历险中使用的仍是照相机。20世纪20年代后期，35毫米胶片的使用给旅行者和探险家带来了更大的便捷。20世纪30年代后彩色相机出现，在"二战"后很快被广泛使用。20世纪中期由徕卡等其他品牌生产的轻便型照相机给探险家提供了更多选择，使他们的拍摄视角更加流畅，不用再固定在三脚架上。

图 4
　　埃尔热，"丁丁和雪球（法语版叫 Milou）带着枪和相机在刚果探险"，1964 年。

真实与美感

　　摄影因其客观性，通常被认为是一种理想的探险必需技术。正如人死后描摹的面具一样，一张照片就可以提供所拍摄物的物理踪迹，摄影的这一特点使人们开始崇尚客观性。照片观赏者总是希望能透过照片看到真相，而不只是去欣赏照片所呈现的表面事物。正因如此，他们认为自己看到的并不是表象，而是对事物的真实勾勒。然而，照片的最后成像其实受到各种操作性因素的影响，比如曝光时间、光圈大小、镜头型号和冲印方法等等。虽然照片上偶尔会留下一些"人工痕迹"，像底版裂纹或手印都会露

出照片制作过程的蛛丝马迹，但通常情况下，这些变量是
不会直接呈现在照片上的。与所有照片一样，探险照片也
有双重考虑，首先要观察物体所在方位的反射光线情况
（包括一些摄影师需要消除的东西，比如自己的影子，图
5）；其次是捕捉与取景，比如要刻意在人们认为优美的
风景处取景。[13] 正是拍照时的这些情况让照片在具有客
观性的同时又具有主观性。

　　虽然制作过程依靠的是技术手段与化学方法，但照片
其实是各种因素结合的产物。题材与视角由人决定，而镜
头类型、曝光时间、胶片类型等因素的选择也会影响照片
最终呈现的影像。探险摄影中的一些美学因素很大程度上
源自摄影技术本身，包括对于某些特定光的敏感度、照片
的透视性、额外的视觉信息、偶然的细节、以及在相机前

设置的起引导作用的物体。与此同时，探险摄影中还有一些因素与摄影的技术基础并无关联，比如题材的选择，是选择拍摄沙漠还是瀑布由人而定；又比如作品的内容，照片中探险家是站在山峰之上还是站立在竖起的旗帜旁也由摄影师定夺。

本书主要探讨的是关于探险照片的三个方面：第一，拍摄的环境；第二，照片的实质及其美学表现；第三，照片的流传度及古今观赏者对其接受度。讲述"影像的历史"既需要考虑照片的内容、构成，也需要把它看成一种视觉物质，来考究它的历史传奇。[14] 本书力求抛开对技术发展的现代主义偏见，以及伟大的摄影大师和他们各有特色的拍摄特点来探究摄影。摄影是一项复杂的社会活动，而照片是一个独特的事物，它总是不规则地在广阔的"视觉经济体"中流通。[15] 从这些角度思考就会提出有价值的问题：照片是如何拍摄、展示、流传、使用，甚至被抛弃的？在这些过程中，照片又是怎样形成自身的价值的？[16] 除了单纯的"摄影历史"之外，还有很多方面的"摄影"，每一种都有自己独特的批判方式，它们基于客观的事物，并对各种平凡、不平凡的影像十分关注。[17]

摄影与探索，两者的关系不仅跟与时俱进的技术息息相关，也关乎形形色色的受众和千变万化的拍摄方法。从某种意义上说，照片只是一个驱壳，是拍摄者与观赏者心中无数种表达的载体。观赏者如何解读一张照片，不单单取决于这张照片所拍摄的内容，还取决于解读照片的环境，以及观赏者自身的知识水平和文化程度等主观因素，小到照片的格式，大到当时的社会环境和所处的空间位置，都会产生重要的影响。正是这种图像与观赏者的融合，才使照片有了意义。[18] 本书向大家揭示了摄影师与出版商是如何在有限的技术水平下进行各种拍摄并出版发行的，同时也介绍了摄影师的拍摄原动力，并与您共同探究一幅幅摄影作品是如何观尽世间百态、历经独特旅程的传奇故事。

首先，让我们从照片本身开始讲起。一些户外探险摄影师会故意用相机记录下自己工作的地方，比如庞廷的很多摄影作品，内容都是他自己"正在拍照"的自拍，像他在拍风景时或者拍摄"特拉诺瓦号"轮船（Terra Nova）时的样子（图6）。[19] 很少有户外探险摄影师会特别严格地记录下自己的工作内容，像怎样使用相机或者暗室的一些设备等。在大多数情况下，摄影师只是躲在镜头后面，几乎不会显露自己的拍摄动机，也不会展现有关摄影的各种操作技术。有些照片的拍摄者甚至根本无从得知。但是，每个摄影师都在试图与观赏者对话，在这里，我们就可以去追寻他们发出的那些看得见的字眼。在户外探险时，摄影师怎样选定自己的主题取决于科学化观察的种种规则，以及其自身的艺术表达。

尤其是对于科学领域的照片来说，"拍摄客观影像"这一目的，其历史可追溯到摄影技术的发明时期。因此可以说，照片影像作为一种证据，其可靠性受到早已形成的各种协定和惯例的制约。[20] 其他的视觉媒体，其合理性、技术、权威及可信性的标准，也同样地适用于摄影。随着技术水平的发展，这些标准也随之发生了改变，使摄影成本下降，设备更加便携，照片也更加可靠。

或许有人会认为，摄影的出现预示着那些传统的用来记录探险影像的方式将走向衰亡。在艺术领域中，确实有人把摄影看作是一种威胁——画家保罗·德拉罗什（Paul Delaroche）有一句著名的言论："自今日起，绘画已亡。"[21] 然而事实证明，这种荒诞的说法在艺术与探险两个领域都是错误的。随着各种规章束缚在其他视觉记

图 6
　　赫伯特·庞廷拍摄，"庞廷正在拍摄冰上的轮船"，
1910 年 12 月，明胶银盐照片。

录方式，尤其是绘画中的膨胀，探险照片出现了。摄影不仅取代了老式的探险绘画美学，而且超越前者形成了一种新的美学。探险照片或者是客观、科学的记录，或者是主观、个人的影像。它们不是被定义为"科学"，就是被定义为"艺术"。因此，很多被请去做户外探险摄影的摄影师无法确认自己的工作性质。其实"艺术"与"科学"两个领域也没有必要互相排斥。照片既是记录浪漫的必备之物，也是探索科学不可或缺的工具。事实上，就如同那些探险设备一样，照片帮助人们实现探险记录图像化的同时，它自身也不费周折地拥有了最重要的投资者，随着拍照、复洗、文本和略图印刷的成本下降，照片被广泛地应用于探险记录，并成为证明探险者的坚持与努力的影像证据。

随着探险者的声誉及探险资金越来越依赖于宣传产生的逆反效应，摄影更加成为探险和探险者的关键。例如，探险家欧内斯特·沙克尔顿（Ernest Shackleton）于1914—1917年进行的一次著名的"持久号"（Endurance）探险中，他就通过电报聘请了澳大利亚摄影师弗兰克·赫尔利（Frank Hurley，1885—1962），两人事前连面都没有见过。这不仅仅是因为赫尔利的名气及他之前在南极的探险经验，还因为沙克尔顿需要得到赫尔利的照片出品权，以此来抵消他的探险开支。一登上船，赫尔利就向沙克尔顿说明，如果要聘请他做摄影师，就必须给他分一部分利润所得。探险摄影常常细化为科学、艺术、商业动机和谈判等一系列的复杂琐事。

各种各样的展现方式

探险照片的展现方式惊人得多，有橱窗展示、立体展示、全景图、图书插图、半色调复制品、幻灯片和相片集。照片的材质和影像影响着它的作用和意义，比如公共展览会上会使用巨幅蛋白照片，个人相簿中收藏的一般是小尺寸无标题明胶银盐照片，而大型演讲中使用的则是手绘幻灯片。相应地，探险照片应被视为一种具有复杂经历的事物，而不只是单纯的静态"图像"。因此，本书中的插图在复制时都带有原照片的图片说明（用引号标出），以原照片形式呈现，并且相应的长宽比例与原照片一致。

照片制作技术的快速转变与19世纪、20世纪平面媒体的巨大发展息息相关，这使照片以不胜其多的方式被复制，并展示给越来越多的观众。比如，19世纪中期，随着旅行与探险摄影成为人们的重要活动，立体照片也兴盛起来。从1858年起，《立体杂志》（*Stereoscopic Magazine*）的订阅者可以在每期的杂志上欣赏到三张立体照片，足不出户就能领略世界各地的美景。伦敦立体与摄影公司（Stereoscopic and Photographic Company）截至1860年共促销了超过10万张照片。

出版商很快意识到在图书中插放照片的市场潜力，因为越来越多追求教育与娱乐的文化人非常欢迎这种形式的书籍。银版摄影法拍下的是正片，只能以版画这样的一次性形式冲印，若要复制到铜雕刻版上只能手工操作，而负片成像的拍摄法则更容易将照片"插附"到图书中。虽然劳动力密集而昂贵，但是很多旅行与探险的书中还是插入了大量的照片，比如威廉·布拉德福德（William Bradford）的大部头书《北极地区》（*The Arctic Regions*，1873）。[22] 新的摄影方法使照片插图更加商业化，并被各种平面媒体的读者广泛接受。很快各种地理、地质期刊中就出现了彩色插图和地图。《地理杂志》（*The Geographical Journal*）是较早使用半色调手法印刷照片的期刊，早在1900年它就尝试用艾夫斯法（the Ives process）复制彩色照片，以展现探险活动（图7）。到20世纪早

图7
　　哈尔福德·约翰·麦金德，"东非肯尼亚山登顶之行"，《地理杂志》，1900 年。由 C. B. 豪斯堡（C. B. Hausburg）拍摄，包括两张彩色照片，分别叫作"桑给巴尔岛"（Zanzibar）和"肯尼亚山上的高山植被"（Alpine Vegetation on Mount Kenya），艾夫斯法复制照片。

期，附有照片插图的探险书籍已经有了广阔的市场，并被一些独具慧眼的买家看中，他们一直致力于收集优质的限量版本图书，销售给喜欢搜集探险大事记的收藏家，这些图书精致而华丽，具有震撼的视觉效果。《南极之心》（*The Heart of the Antarctic*）是一本描述沙克尔顿眼中的那次英国南极探险之旅的书，它的限量精装本里有271张照片，卷首插图由凹版印刷，包括双页的底片照、一张全景折页插图，还有彩色图片、地图、平面图和图表。[23]

　　除了图书之外，摄影幻灯片也是探险家发表演讲与募集资金的基本形式，广受大众欢迎。商业人士大加利用探险幻灯片的流行趋势。到1912年，总部位于伦敦的幻灯片公司纽顿公司（Newton & Co.）已经开始提供各种各样有关探险题材的成品幻灯片演讲集，像"戴维·利文斯通（David Livingstone）的生活""南极大发现"等。幻灯片

演讲在探险过程中也十分流行。例如，赫伯特·庞廷在南极探险中就携带着投影仪和500多张彩色幻灯片，片中都是他在远东拍摄的照片，他在探险中开展的一场场关于自己世界旅行的幻灯片演讲深受同事欢迎。他甚至还拍摄了一张自己正在演讲的照片（图8）。随后，庞廷于1914年在伦敦爱乐厅（Philharmonic Hall）举行的关于斯科特南极探险的幻灯片演讲吸引了大量的观众，人们都为阿德利企鹅的搞笑滑稽感到兴奋（这种企鹅的玩具公仔也热销一时），也为这次探险悲惨而富有戏剧性的结局感叹。但也有一些观众对幻灯片演讲提出批判，寇松勋爵（Lord Curzon）就曾公开表示庞廷的幻灯片弱化了极地探险的风险与艰难。[24] 1912年，罗尔德·阿蒙森（Roald Amund-

图 8
　赫伯特·庞廷的自画像，他正在埃文斯海角给英国南极探险队的队员放映关于日本的幻灯片，1911年10月16日。来自一张手工上色幻灯片，8.2×8.2厘米。

24

图 9
雷诺夫·费恩斯拍摄，在他无赞助的北极探险中的自拍照，1990 年，35 毫米彩色正片拍摄的照片。

sen，1872—1928）利用自己手绘的幻灯片在伦敦开展南极探险巡游演讲时，罗伯特·斯科特的遗孀凯瑟琳·斯科特（Kathleen Scott）曾私下称她对这次演讲毫不关心，演讲中使用的幻灯片"质量很差，而且大部分都是捏造的等等"。[25] 探险家公开表演的能力各不相同。沙克尔顿和斯

科特认为公众的长期关注对于探险活动的资金支持十分必要，擅长通过包括摄影在内的各种形式募集资金。而罗尔德·阿蒙森则非常不善于利用宣传推广机制，他完成南极探险后在欧洲和北美开展的巡游演讲只是出于筹集资金的目的，而非乐于其中。

一直到今天，带有照片展示的演讲与图书、电影、网络一样，依然是探险家提高声誉和收入的主要方式。雷诺夫·费恩斯（Ranulph Fiennes）被称为"现仍在世的最伟大的探险家"，他一直以励志演说家的身份开展国际活动，以此作为延续自己探险旅程的一部分。[26] 大型公司也愿意为这类演说提供丰厚的资金支持，因为他们希望以此激励自己的经理带领团队征服充满敌意的资本主义世界，实现操纵市场的伟大目的。有关探险的照片总是传递出一种信息，向人们展示通过团队合作、领导力、规则和决心而获得的成功（图9）。如今费恩斯的名字家喻户晓，因为他把自己的照片广泛展示在一系列产品和服务的广告中，像凉鞋广告、内衣广告、手表广告、个人养老金广告等等。正因如此，费恩斯才得以继承某些早期探险家的衣钵，这些探险家都已意识到虽然有些题材自己并不感兴趣，但是摄影实在是一种令赞助商满意同时又能产生收益的高效方法。1911年，赫伯特·庞廷拍摄了一张"斯图尔德·胡珀（Steward Hooper）在南极开心地吃亨氏牌烘豆"的照片（图10），而他平时所拍的都是探险成员日常工作的照片，这张照片具有明显的广告效果。箱子上的文字、罐头上的商标、胡珀的灿烂笑容都使看到的人感觉这是一种广告。庞廷在完成自己摄影任务的同时，也玩笑式地扮演了一位广告业务纯熟的探险家的角色。有关"伟大探险家"的照片一直被用来做广告，尤其是为各种阶级团体和励志团体所用，比如庞廷拍摄的斯科特上校在南极的肖像

（对页）图10
赫伯特·庞廷拍摄，亨氏食品广告,1911年1月9日，明胶银盐照片，1910—1913年英国南极探险。

27

IN MEMORY OF THE
ANTARCTIC HEROES,
THE LATE CAPTAIN SCOTT
AND HIS GALLANT COMRADES,
WHO PERISHED
MARCH, 1912,
AT THE
SOUTH POLE.

Beyond the track of human life,
Away through an endless waste,
The end achieved, but lo ! sad news
Of death most bravely faced.

Beyond the woes of earthly strife,
Away to an endless rest—
A destiny we may not choose
Has done it's worst, and best.

7199.C

ROTARY PHOTO.E.C.

（图1），近来就被用在英国男装品牌吉凡克斯（Gieves & Hawkes）的广告中。[27]

　　或许明信片上的照片是游历最丰富而又最为民主的了，1900年左右达到行业巅峰的明信片公司很快将人们对探险的兴趣转变为资本。一家总部位于伦敦的公司甚至开展活动，购买者有机会拥有四张明信片，上面印有斯科特南极发现之旅的往返照片。[28]英国一家主要明信片生产商发行了一张"纪念南极探险英雄"的明信片，上面印着斯科特航行在冰上的轮船，由庞廷所拍，一角嵌着斯科特上校的一张肖像照（图11）。这张明信片借鉴了致哀信纸的传统样式，四周是深黑色边框，在白色冰川的背景上，用黑色字体印着几行肃穆的诗句，一艘看似毫无生气的孤独轮船航行在"无尽的荒芜"之中，这张明信片为斯科特的探险悲剧罩上了一层宗教光环。在斯科特留给英国人民的最后一封信中，确实提到了"上天的旨意"，然而斯科特并不信奉基督教，明信片生产商的这一做法只是故意吸引英国的基督徒。[29]像这样的明信片在人们中间广泛地传播交换，这种现象告诉我们，探险照片不仅是一种视觉产物，也是一种触觉物品。

本书的地理与历史视角

　　本书探究19世纪中期以来摄影在探险活动中的作用，其中会选取一些有关这一宽泛主题的简短研究。本书还简单涉及航天、海洋、航空领域的探险摄影，这是为了保证研究更加充分。书中的很多照片归功于各种官方与非官方收集的地理信息，以及自19世纪中期以来各个科学探险组织的收藏与编目。很多照片是官方保存的探险资料，也有一些照片是由于偶然的原因保留下来的，像广告摄影师所拍摄的照片或者个人的捐赠。我们的探险家有科学家、

（对页）图11
纪念南极探险英雄，1913 年，明信片，8.7×13.4厘米。(图片文字：纪念南极探险英雄，已故的斯科特上校及其队员，1912 年 3月亡故于南极。突破人类足迹，踏入无尽的荒芜，开创辉煌啊，却英勇命丧。抛却世间烦琐，陷入永久的长眠，如此悲惨啊，却灿烂永恒。)

有士兵等等，不同类型的探险家之间的界限并不是那么明确。因此，探险照片是由一大批怀着各种复杂目的的探险家所拍摄的。

我把研究重点放在西欧与美国的个人、机构、政府及公众对探险活动的协作、资助和热爱上。有关探险摄影的档案资料所反映的摄影的早期历史表明，在19世纪，英国人、法国人和美国人通过各种各样的手段和伪装促进着摄影的发展和传播，其目的主要是扩大西方观众以谋取利益。与此同时，随着西方国家经济、军事、政治和文化实力的强盛，19世纪早期开始出现的环球探险兴盛一时，虽然这不是欧洲人和北美人所独有的活动，却在这两个地区普遍流行。即便如此，探险的历史一直以来都是世界性的历史。同样，当世界各地的人因为不同的目的而举起手中的相机时，摄影也具有了无数种本土表达。[30] 虽然对于中国、日本、印度等非西方国家古今探险文化的研究超出了本书的探究范围，但本书中所探讨的有关探险与摄影的文化也不是孤立的，不是孤立于非西方地区的文化与实践而单独形成的。事实上，本书的论点就是探险照片是通过不同个人、文化和环境的碰撞、影响、交流而形成的。在这种更加广泛的视觉生态学的基础上，照片才成了重新诠释探险活动的重要方式。[31]

第二章

征服未知世界

　　2007年，一支俄罗斯探险队驾乘一对迷你潜艇将一杆钛合金材质的俄罗斯国旗插在了北极4261米（13980英尺）深的海底。2007年8月，这支探险队回到莫斯科后，队长阿图尔·奇林加洛夫（Artur Chilingarov）向记者高举一张照片，照片上是海底那杆国旗（图12）。奇林加洛夫是俄罗斯的一名政治家，同时也是享誉全国的极地探险家，他的这一举动是迫不及待想证明伟大人类在探险史上的又一大壮举，这对于科技界乃至全俄罗斯来说都是意义非凡的。这次探险成为轰动一时的大新闻，不仅因为它将载人船艇潜入了北极的历史新深度，也由于它本身及这张插旗照片的地理政治学含义。俄罗斯的科学与地理政治学动机是证明连接北极海床的罗蒙诺索夫海岭（Lomonosov Ridge）是俄罗斯领域的一部分，因此这部分地区及其矿产资源应该属于俄罗斯。俄罗斯南北极研究所（Arctic and Antarctic Institute）发言人谢尔盖·巴利亚斯尼科夫（Sergei Balyasnikov）称这次探险是一项伟大的科学成就，堪比人类第一次登上月球。但美国科学家随后宣布俄罗斯探险队员把国旗插错了地方。[1] 而奇林加洛夫挥舞照片（上面有探险队员的签名认证）的举动恰恰说明了摄影一直是科学发

现、知识信息与领土控制的一种有力证明。

探险者将照片作为他们征服未知领域的证据早已不是新鲜事。这源于人们早期的一种观点，认为摄影有能力提供一个标准化的体系，在此体系下可以观察自然现象，解决由于人类不可靠的记忆、言论或技术而带来的问题。照片的这种可靠性似乎向人们提供了一种持久的信息，这种信息与地理观察者得出的信息有一定的可比性。正如地图可以使西方的文化扩张形象化一样，照片也为人们呈现了一个等待被发现、探索、占领的世界。探险与摄影的风靡带来了实证主义科学，这一科学认为真正的客观观察可以征服未知世界。然而把摄影作为一种毫无争议的证明和科学证据还有很远的距离，并且这种做法受到可信性、精确度和可靠性等社会问题的巨大影响。[2]

早期的摄影与国家资助科技

1872年12月，英国皇家海军轻型巡航舰——皇家海军舰艇"挑战者号"（Challenger）从朴茨茅斯出发，开始了为期三年半的环球探险之旅，这是19世纪最大的一次由政府资助的科学探险活动。"挑战者号"上装备了用于测量、计算和观测的各种类型的仪器。当它1876年回到英格兰时，总共航行了68890海里，建立了362个观测站，收集了大量有关全球海洋的生物学、化学和地质学数据。[3] 这次目标远大的科学探险活动拍摄了很多意义重大的照片。在轮船主甲板上配有一间"摄影工作室"，与对面的化学实验室几乎同等规模。于1880年到1895年间出版的50卷4开本的《皇家海军舰艇"挑战者号"航程的科学成果报告》（Report of the Scientific Results of the Voyage of HMS Challenger）中，涉及了国际科学团体及艺术家、雕刻师、制图师和石版家。[4] 除了彩色石印版和木刻印版外，《报告》

（对页）图12
纳塔利娅·科列斯尼科娃(Natalia Kolesnikova)拍摄，2007年8月7日，俄罗斯探险家兼杜马议员奇林加洛夫于莫斯科向等待探险队归来的记者展示一张国旗插在北极海底的照片。

33

的第1卷中还包括另外35种图片版式 [5]，所拍照片上都注有简单的标题，涵盖了动物学、地质学、植物学、人类学（图59）和地理学等领域的影像（图13）。由于彩色石印版缺乏精致的细节，色彩比较粗糙，而且比木刻印版昂贵，因此照片具有了特殊的吸引力。与廉价的木刻版风景和动物图不同，照片都是在实地拍摄的，这说明探险家实实在在地来到了那些未知的地域。比如几张南极冰山的照片，每两张图片凑成一对，就成了未知世界的迷人证明。"挑战者号"在拍下其中一座冰山的照片后，用大炮将其炸毁；摄影和武器，一个用来捕捉自然，一个用来对自然做实验。

令人吃惊的是，人们对"挑战者号"上的摄影师身份和

图13

拍摄者不详，南极冰山，1874年，皇家海军舰艇"挑战者号"1872—1876年探险之旅，永久性凸版摄影，来自H.N. 蒂泽德（H.N. Moseley）、J. Y. 布坎南（J.Y.Buchanan）和约翰·默里（John Murray）《对皇家海军舰艇"挑战者号"巡航的讲述》（《皇家海军舰艇"挑战者号"航程的科学成果报告》，第1卷，1885年）。

工作方式一无所知。后来的职业户外探险摄影师总是寻找有利可图的商机，而当时的摄影师在某种程度上是匿名的，而且不像探险艺术家约翰·怀尔德（John Wild）一样有那么高的自主创作权。[6] 这就解释了这次航行中为什么接连聘用了三位摄影师，第一位在开普敦逃跑了，第二位在香港放弃了。一些保存下来的照片显示，摄影师因拍摄有助于人类学、地理学、地质学和植物学研究的照片而被指控。[7] 在船上每张照片以1先令的价格出售，官方相簿则用来展示给前来观看的高官显贵。[8] 很多照片都是"Govt Copyt"（政府版权所有），与这次航行留下来的其他物品和样本一样，政府打算将这些照片归国家所有。

　　"挑战者号"是第一次真正配备摄影技术的官方环球科学探险，却不是最早由国家资助的摄影探险。1856年，英国海军总部同意资助苏格兰皇家天文学家查尔斯·皮亚齐·史密斯（Charles Piazzi Smyth，1819—1900）到特内里费岛（Tenerife）测试海拔高度对天文观测的影响。史密斯运载了两台大型望远镜来到特内里费岛2713米（8900英尺）和3261米（10700英尺）的高度，在那里观测了两个月。他出版的形象生动的书中有20张"立体照片"，展现了这座火山岛的景观、地质、植物，同时还有那两架望远镜和观测台的照片（图14）。照相机又一次成了武器："火棉胶底片已上膛；我们瞄准，拍摄——顷刻间，远处云雾缭绕的锥形山丘和山丘两侧的梯形花园定格成像。"[9] 史密斯的摄影作品在高海拔处拍摄时，常伴有强风，他力求这些作品既有美感又能揭示当地特殊的地质、地理和植物状况。如果戴上立体眼镜欣赏这些照片，你会完全沉浸在这片土地之中，被其中的新奇效果所迷醉。从这一角度来看，立体照片与其他照片大不相同，它带给人一种环绕其中的视觉体验。[10] 史密斯的书售价不菲，因为每一卷中

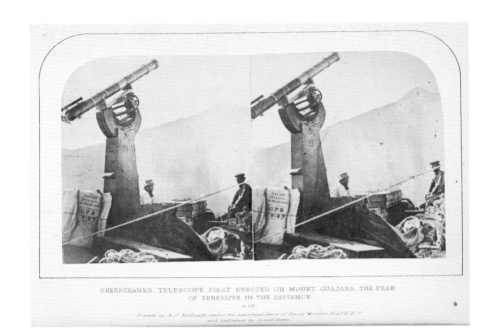

SHEEPSHANKS TELESCOPE FIRST ERECTED ON MOUNT GUAJARA, THE PEAK
OF TENERIFFE IN THE DISTANCE.
p.132.

*Printed by A.J. Melhuish under the superintendence of James Glaisher Esq.r F.R.S.
and published by Lovell Reeve.*

都分别插入了立体照片。虽然这种照片很新奇，但毕竟是
小众市场，这种形式的书籍并没有得到广泛认同。

　　与此情况不同，由摄影公司出售的单张立体照片在市
场上大受欢迎，并成为一种无处不在的教育型娱乐方式。
截止到1858年，伦敦立体与摄影公司已经存有超过10万张
世界各地的风景、遗迹和人物照片。很多当代的评论员认
为立体摄影具有将视觉保存为综合档案的巨大潜力。1859
年，美国医生兼作家奥利弗·温德尔·霍姆斯（Oliver
Wendell Holmes，1809—1894）提出"建立一个综合性、系
统化的立体照片图书馆，无论你是艺术家、学者、机械
师还是其他任何身份，都可以在这里找到自己想要的照
片。"[11] 几年后，博学科学家弗朗西斯·高尔顿（Francis
Galton，1822—1911）提出一项计划，建立一座立体"照片

图 14
　　查尔斯·皮亚齐·史
密斯拍摄，"第一次将伸
缩望远镜架设在瓜雅拉山
（Mount Guajara）上，远
处是特内里费山峰顶"，
1858 年，蛋白立体照片，
6×7 厘米。

地图"图书馆，以协助山区地带的科学和军事探险。[12] 从以上几个事例中可以看出，各种形式的摄影都在探险活动中得到重视，不仅是因为照片对自然的精确还原，还在于它十分便于建立完整的视觉信息档案库。巴黎银行家阿尔贝·卡恩（Albert Kahn）资助了一支摄影师和电影拍摄师队伍环游世界，记录不同国家的风土人情，最终他的资料库"地球"（de la Planète）中收集了约4000张立体照片、7万多张奥托克罗姆干版（autochromes，一种早期彩色摄影用的底片）和183千米长的默片影带。除此之外，人们还提出了其他类似的调查计划来研究和记录各个国家的风貌。例如，法国摄影师兼国会议员班杰明·史东爵士（Sir Benjamin Stone）于1897年设立"全国摄影记录"（National Photographic Record），以促进对古代建筑、景观、习俗的记录，并为整个国家的视觉历史建立一个存储库。[13]

调查摄影

摄影因具有高度的精确性和清晰的细节展现而被广泛应用在民事和军事调查中，这些调查都十分依赖对方位、人物和物体系统性的视觉记录。与画家的素描图比起来，照片的高保真度对建筑师和考古学家有巨大的吸引力。到19世纪50年代中期，纸质负片和玻璃干版底片都已十分实用，欧洲及其他地区都将摄影应用到重大考古发现的记录中，其中第一次是印度的考古调查。法国探险家兼摄影师克罗德-约瑟夫·德西雷·夏内（Claude-Joseph Désiré Charnay，1828—1915）受法国公共指挥部委托，在1857—1861年期间游历墨西哥，记录当地的考古坐标。尽管气候恶劣、地势险峻，夏内还是带回了大量有关前哥伦布时代的玛雅文明和萨巴特克文明的不同格式的湿版照片（图15）。其中49张照片以底片的形式发表在官方探险出

版物《美洲城市和遗址》（*Cités et Ruines américaines*，第2卷，巴黎，1863年）上，并配有法国著名建筑师欧仁-埃马纽埃尔·维欧勒-勒-杜克（Eugène-Emmanuel Violle-tle-Duc）的文字。[14]

　　后来，夏内又游历了南美、印度尼西亚和澳大利亚的大部分地区并拍摄了照片，他不是唯一一个将摄影运用到考古工作中的人，也不是唯一一个得到政府支持的人。1855年，英国摄影师兼印度马德拉斯（Madras）军队长官林尼厄斯·特里普（Linnaeus Tripe，1822—1902）就曾以印度大使馆官方摄影师的身份被派往缅甸王朝的阿瓦城（Ava）。在经过伊洛瓦底江上游时，他拍摄了200多张有

图 15
　　德西雷·夏内拍摄，"宫殿前的尼姑，奇琴伊察（Chichen-Itza）正面"，墨西哥玛雅城废墟——奇琴伊察的修女宫正面，1857—1861年，蛋白照片，34.4×43.5 厘米。

关当地地势与建筑的纸质负片，其中120张由马德拉斯政府发表在他的作品选集中。在1856—1860年期间，特里普以马德拉斯政府官方摄影师的身份游历了印度南部，并摄制了多套有关当地建筑与遗址的照片集，其中有一些是立体照片。

探险摄影与领土扩张和帝国野心的意识形态相结盟，一般表现为以上这种政府资助的调查任务。在英国，皇家工兵部队（RE）自19世纪50年代中期就开始聘用摄影师。几年之后，他们的摄影师就参与了对世界各地的大型调查和考古探险，例如大英博物馆在小亚细亚（现在的土耳其）的探险活动和对于中东和北美的地势调查。塞缪尔·安德森中尉（Lieutenant Samuel Anderson）和其他（大部分姓名不详）工兵在1858—1862年的北美边界调查任务中就负责拍摄照片，这次调查划定了美国和英国的新殖民地——不列颠哥伦比亚之间的边界。除了作为科学文章和调查地图的一部分外，照片也在地势、自然历史、植物学、地质和人类学等更高层次的科学研究中被广泛利用、传播和编目。[15] 此类照片的价值不仅在于单张照片上展现出的细节，更在于它们作为一个整体所累积记录的有关地理、殖民和军事方面的信息可以通过不同方式的审阅和分类来向人们揭示新的知识。

另外，摄影还被战区的部队工程师用于勘测和绘制地形，复印作战计划和地图，为军事征讨做永久记录。英国皇家工兵部队的摄影师就记录下了多次帝国军事行动，如1867—1868年间的阿比西尼亚行动，一支由近1.3万人组成的远征军行进400英里来到阿比西尼亚境内，援救被君主西奥多逮捕的几名欧洲人。首席摄影师约翰·哈罗德中士（Sergeant John Harrold）及其7名助手拍摄了军官、远征队伍和当时的场景照片，这些照片随后被整理成册并由

陆军大臣提交给政府机构和科研机构。在阿比西尼亚高地的塞纳非（Senafé）等主作战营地拍摄的全景照片清晰地显示出阿比西尼亚远征军的规模（图16）。这张全景照片由三张单独的底片拼接成一幅巨像，呈现出作战的规模和军队的顺序，为观赏者提供了一个总揽全局的视角。除了白色营帐外，照片上的这片土地一片空旷，荒芜寂寥。照片记录里只有几个显要的人物，大部分阿比西尼亚的原住民都无迹可寻，这更加印证了记者和科学工作者的一种说法：这支远征军真正征服的是自然，科技兵利用自己的技术本领和坚强的忍耐力打败了这片不毛之地。

皇家工兵部队大力地促进了摄影在远征中的运用。它向托马斯·米切尔（Thomas Mitchell）和乔治·怀特（George White）提供摄影技术培训，这两位分别是1875—1876年英国北极探险队"警觉号"（Alert）和"发现号"（Discovery）轮船的海军将领。刚刚从"挑战者号"探险

图16

拍摄者不详，皇家工兵部队第 10 军团，"塞纳非的营地"，阿比西尼亚远征军，1868 年，三张蛋白照片拼接图，18.4×73.7厘米。

中返回不久，这支队伍就在乔治·内尔斯爵士（Sir George Nares）的指挥下开启了北极探险，此行要测绘出到达北极的航线图。虽然这一目的最终没有达成，在航行过程中还遇到了一次严重的灾祸，但是他们拍摄了100多张照片，后来这些照片在市场上销售，并被用于内尔斯关于这次探险活动的著作中。[16]

随着摄影被探险团队应用到世界各地的探险活动中，摄影师不再只拍摄周围的环境，还会拍摄正忙于进行科学观察的探险队成员。这种现象在极地探险中尤为突出，因为那里一片白茫茫，很难拍出各有特色的景物照片，而且人们把大量的时间都花在固定轮船、搭建探险基地上。弗里乔夫·南森（Fridtjof Nansen）1893—1896年领导的挪威北极探险活动的照片展现的就是正在进行科研工作的探险队员，他们有的在进行天文观测，有的在进行气象调查，有的在进行海洋勘探（图17）。为了检测北极的洋流理论，南森指挥"弗拉姆号"（Fram）轮船自挪威向东航行到

图 17

疑西格德·斯科特 - 汉森拍摄，"深海温度测量，'升
起温度表'"，1894 年 7 月 12 日，幻灯片，挪威北极探险，
1893—1896 年。

新西伯利亚群岛北部的北极冰川中。特别设计的圆形船体能够让船身漂浮在冰川之上而不会受到撞击，"弗拉姆号"在冰川中向西漂流了3年之后，在斯匹次卑尔根岛（Spits-bergen）附近被放入海中自由漂走。探险时，船上除携带够船员使用5年的吃穿用品外，还有各种各样的科学设备，仅摄影仪器就不少于7种。图17这张照片疑似由西格德·斯科特-汉森（Sigurd Scott-Hansen）拍摄，他在此次探险中负责气象、天文和地磁的观测，照片中南森和一名队员正在进行深海温度读数和海水取样。南森后来在对欧洲科学社会进行的幻灯片演讲中使用了这些照片，他还把它们用于自己的畅销书《北极之北》（*Farthest North*，1897）中，这本书既讲述了此次探险的动人与伟大，也说明了它的科学意义，比如在天寒地冻的环境下测量温度数值、保存海水样本等难度极高的工作。[17]

　　在英国1910—1913年间的南极探险中，赫伯特·庞廷就十分注重拍摄科学操作。他拍下了探险中的每一项科学调查活动，比如气象学家乔治·辛普森博士（Dr George Simpson）测量不同海拔高度下的地磁和气流（图18）。他们用专门的发电机充起一个个小氢气球，然后把它们放入空中测试气流。在1911年南极寒冷的冬天里，庞廷记录下了"发现号营地"（Discovery Hut）中的方方面面。"发现号营地"是探险队员居住生活的地方，在阿特金森（Atkin-son）的寄生虫实验室和辛普森的物理实验室旁，庞廷搭起了自己的摄影暗室和居住棚。他教授探险队员摄影技术，也会帮助收集科学数据，并且每天用照片记录地磁记录仪上的数据，地磁记录仪利用光线在一叠感光纸上追踪磁力。他还教物理学家查尔斯·赖特（Charles Wright）拍摄冰晶样本。以上行为证明庞廷把自己的摄影工作看作是为科学和艺术服务，从中我们可以理解他为什么强烈认为斯

科特的探险是为了科学，而不只是想踏上南极。

人们还试图将探险摄影与各种测量仪器直接相结合。随着科技的发展，到19世纪50至60年代，欧洲开始流行装有摄影机的测量设备。例如，法国军事上尉艾梅·洛瑟达（Aimé Laussedat，1819—1904）倡导一种叫作"icono-metrie"的技术，该技术在照相机内安装一个定向装置，在绘制地图时可以用这种相机拍出透视图。"摄影测绘法"（Photogrammetry）是一种将摄影应用到测量中的方法，引发了一系列的技术创新，在天文学、物理学、地形测量等各种不同领域得到应用。

从19世纪80年代开始，地形绘制和探险活动中就开始采用摄影测绘法。1921年，加拿大陆军少校奥利弗·惠勒（Oliver Wheeler，1890—1962）（后来任职于印度测绘局）利用拍照地形测量仪在珠穆朗玛峰区域进行调查（图69）。同一年代，英国皇家空军首次在中东地区为英伊石油公司（Anglo-Persian Oil Company）进行航空测量。在接下来的10年中，航空测量技术精确性的提高使摄影在地形测绘中发挥着关键的作用。如今，当时的摄影机已被专业的数码设备所代替。20世纪70年代，美国测地卫星（LANDSAT）等人造卫星已经可以发回照片，这些照片虽然不像航空测量中所拍摄的照片一样清晰，但促进了外太空探索、军事绘图、气象学和地质学的发展，尤其是让我们对人类无法到达的地区有了进一步的了解。

而地球上的探险者所使用的摄影设备则比较大众，专业性没有那么强。1900—1916年间，考古学家兼探险家奥莱尔·斯坦因爵士（Sir Aurel Stein，1862—1943）在中亚探险时就用一部相机既拍摄景物、人，又拍摄考古物品和手工艺品，其中很多景物、建筑和考古照片既是研究资料，又是探险的证明。这些照片里总是会出现一两个人，以作

为拍摄对象大小比例的参照物，有的甚至还有标尺，使这
些照片成为更加客观、可信的考古资料（图19）。[18] 这些
参照物和标尺的作用正如人的签名一样，因为与航拍相机
和遥控卫星传感器从遥远的距离外所拍摄的照片不同，探
险者在实地拍摄的照片因为有了某个特定地理方位的见证
者而具有更大的权威性。

插立国旗

探险并标记大发现的惯例早在摄影之前就已出现。至
摄影被运用到探险中时，插立国旗已是欧洲殖民探险与征
服土地中的一种常见行为。照片能够用影像证明探险者真
的去过他们自称去过的地方，而且由于细节保真度很高，
人们可以轻松地鉴定照片上的地点是否是真实的原地理方

位。这一点在沙漠环境中尤为明显，沙漠中没有永久性的显眼地标，沙面总是不停地变化，有时表面被雪覆盖难以辨认，这都让人很难明确地证明自己所在的方位。

到了1900年，南极和北极成了人们公认的世上仅存的"未知之地"，在科学调查、国家成就、个人荣誉等各种理由的驱使下，不同领域的探险者都想成为征服这片不毛之地的第一人。照片成了向端坐家中的观众展示种种探险活动的重要工具。本领高超的北极探险家、美国海军少将罗伯特·埃德温·皮里（Robert E. Peary，1856—1920）乘坐"罗斯福号"（The Roosevelt）展开的探险之旅（1908—1909）就邀请了唐纳德·B.麦克米伦（Donald B. MacMillan）作为官方随行摄影师。[19] 皮里、马修·亨森（Matthew Henson，1866—1955）和4名因纽特人（Egingwah、Seegloo、Ootah、Ooqueah）共同乘坐雪橇对北极发起了最后冲刺。[20] 1909年4月6日，这支6人组成的探险队到达了皮里称为北极点的地方，在那里插上了美国星条旗，并用相机记录下了这一伟大瞬间（图20）。对于皮里来说，这次探险只是一项非凡的个人成就，他不仅代表国家登上了北极，更是代表自己。皮里的仆从兼助手马修·亨森是一名非裔美国人，他跟随皮里长达23年，对于他来说，这次探险不仅造就了他辉煌的个人成就，同时也具有伟大的政治意义，他证明了"每当一名白人做出一项世界性壮举时，身边总伴有一名有色人种"。[21]

皮里拍摄自己的团队站在插起的国旗前的照片，直接目的就是想使自己"登上地球极点第一人"的宣称合法化。他在自己出版的图书和各种演讲中引用这些照片来反对那些质疑他的人，其中最有名的就是弗雷德里克·A.库克（Frederick A. Cook），他声称自己在1908年4月21日就同两个因纽特人一起将美国国旗插在了北极顶端。[22] 库克

同样拍摄了照片作为证据，照片中是他的两名因纽特同伴艾土吉舒克（Etukishook）和奥威拉（Alwelah），他们站在插着美国国旗的一座冰屋旁边。他在自己附有插图的书《我对北极的征服》（*My Attainment of the Pole*，1911）中展开了针对皮里的激烈辩论，称"我们用相机记录了探险中的每次进展，以及北极奇妙的景观和美丽的奇迹"。[23] 库克言论的真实性很快遭到了质疑。一家探险家俱乐部委员会宣布库克的照片是他1906年攀登麦金利山（Mount McKinley）时所拍，1907年曾刊登在《哈泼斯月刊杂志》（*Harper's Monthly Magazine*）上，后又出现在他的书《登上美洲巅峰》（*To the Top of the Continent*）中。麦金利山是北美的最高峰，这里显然比北极要低很多，库克甚至伪造了远处山峰的照片。[24] 在皮里有权势的朋友和美国国家地理学会（National Geographic Society）的共同操作下，库克对麦金利山照片的假冒使用令他遭到了人品质疑，他宣称自己首先登顶北极的说法也不再被认同。

　　皮里的照片真的能证明他的团队登上了北极点吗？地理上的北极点位于北冰洋中心附近，终年被不断变化的冰冻海面所覆盖，它的地貌不是恒常不变的。皮里将星条旗插在一座凸起的冰块上是一种机智的视觉策略，它给了北极点一个地标，这样就证明了便于国旗竖立的位置。皮里通过天文仪器判断出北极点的位置并拍照，以此证明方位的选择，单靠照片本身根本无法证明任何事。这张照片的质量很差，皮里和亨森的摄影技术都不高，而专业的官方摄影师并没有参与这次最后的攀登。虽然在当时皮里的照片比库克的更加可信，但是他们双方都陷入了非议，因为没有人可以完全充分地证明自己。人们怀疑皮里其实也弄错了数据，他所在的位置比真正的北极点低90公里左右。

对于这一话题的争论一直延续至今。[25] 其实，其中最首要的争议也不如皮里和库克之间的相似性来得重要。他们都是以美国的名义宣布"征服"北极；都在"北极点"插上了国旗并拍照；都利用这些照片进行公开宣传，证明自己的说法；在攀登中都借助了因纽特人的知识和技能；最后，他们都梦想这次北极大发现能为他们赢得名誉和财富，利用照片、海报、演讲和展览谋取利益。

当一些探险家正为北极探险照片的真实性激烈争论时，另外一些人拿起相机，踏上了南极的探险之旅。1911年，两名探险者展开了南极洲探险竞赛：罗尔德·阿蒙森，挪威勇敢而又富有经验的极地探险家；罗伯特·福尔肯·斯科特，英国皇家海军的一名上校。12 月，阿蒙森的队伍乘坐狗拉雪橇首先登上了南极点。斯科特的队伍驾乘人力雪橇于 1912 年 1 月抵达南极点，但不幸在归途中遇难。两支队伍都用相机跟踪拍摄自己的行程，他们把照片展示给自己的支持者，并将其中一些变卖以筹集探险资金，这些照片中有一些成了 20 世纪复制量最大的照片之一。

1911 年 12 月 14 日，在到达他们认定的南极点后不久，赫尔默·汉森（Helmer Hanssen）就拍摄了一张队员的照片：奥斯卡·维斯廷（Oscar Wisting）、奥拉夫·比阿兰德（Olav Bjaaland）、斯韦勒·哈塞尔（Sverre Hassel）和罗尔德·阿蒙森站在挪威国旗旁边（图21），一只狗坐在他们不远处，他们身后是一架模糊的雪橇。这张照片似乎拍得很粗糙，大概因为专业的摄像机被摔坏了，所以汉森只能用比阿兰德的业余照相机拍摄。但是其中的狗和雪橇应该是故意拍上去的，因为这两样被英国的探险家视为"违反体育道德"的工具。对阿蒙森来说，拍照单纯是为了记录插国旗这一象征性仪式，他描述了他们的队伍在互相庆贺之后，怎样"执行了这次旅程中最为伟大肃穆的任

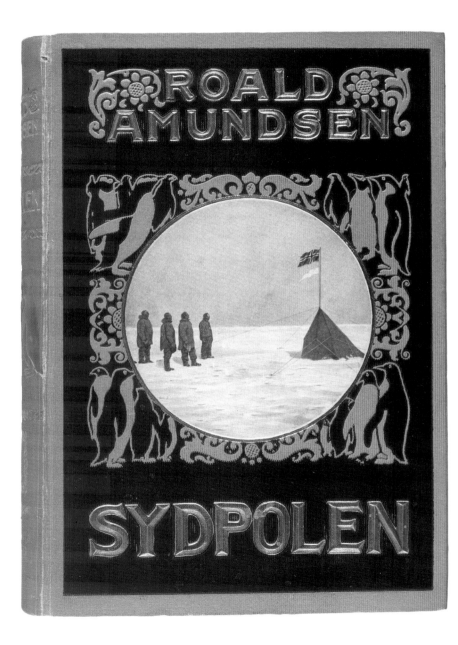

务——插立国旗。五双眼睛凝视着国旗，眼中闪烁着骄傲和兴奋，旗子临风招展、猎猎作响，向着极点的方向不断挥舞"。[26] 阿蒙森坚称五个人一起竖起国旗，这份开拓精神属于五个人。在后来的宣布国家对南极点的征服仪式上，他为南极点所在的高原起名"哈康七世高原"（King Haakon vii's Plateau）。虽然阿蒙森在仪式上信誓旦旦，但随后的天文观测显示他们抵达的并不是真正的南极点。阿蒙森的队伍又向南进发了9公里，耗时一天圈出南极点的范围，他们在那里进行观测并竖起了一面小旗子（信号旗）作为标志。他们在波尔海姆（Polheim，意为"位于南极的家"）再一次信心满满地标记了自己的伟大成就，在那里建起了一顶小型圆形帐篷，并拍下了自己进行导航测试和骄傲地凝望挪威国旗的照片。

1912年5月上旬，阿蒙森的成功消息传到了英国，他把自己的大量照片授权英国报纸刊登，例如《伦敦新闻画报》（*Illustrated London News*）推出了"最后一个'大问题'的解决"和展示阿蒙森壮举的"南极特刊"。[27] 在阿蒙森1912年出版的书上，出版商将挪威探险队在"波尔海姆"的照片作为封面，并在照片四周围绕了一圈企鹅的形象。一位制图员甚至把挪威国旗和"弗拉姆号"的三角信号旗改成迎风飘扬的样子（在有些版本中还上了色）来增加震撼性（图22）。阿蒙森回国后几周内，幻灯片出版商就推出了一系列伴有文字介绍的幻灯片，讲述"南极点大发现"的故事。[28] 阿蒙森个人演讲所用的彩色幻灯片展示了探险者们（阿蒙森身穿绿色夹克，其他人穿着棕色和蓝色的衣服）站在不可思议的浅蓝与粉红色的天空之下。[29] 对于普通观众来说，极地探险科学上的真实性与色彩斑斓的美丽画面比起来显得就不那么重要了。

斯科特的队伍比阿蒙森晚一个月来到南极点，对他

TRIUMPH BEFORE DEATH: THE FIVE HEROES AT THE SOUTH POLE.

们来说，定位南极点的范围就算不得一项艰巨的任务了，因为他们发现挪威探险队已经用无数面旗帜和营地帮他们标了出来。从他们当时拍的照片中就能明显地看出这支英国探险队的失望，他们聚在一起，凝视着"波尔海姆"，在英国国旗下拍了一张较为拘谨的照片（图23）。这是一张集体的自拍照，在画面前方可以看到"鸟哥"鲍尔斯（Bowers）手中用来触发快门的线。这个过程并不容易操作，在鲜为人知的第一次拍摄的画面中，我们可以看到鲍尔斯模糊的轮廓正匆匆返回队员的身旁。在看到这张斯科特和队员在南极的照片时，很容易让人想起他们在归途中全部遇难的事实，如果没有这张照片，那么他们拍摄的胶卷、

图 23

　　亨利·鲍尔斯拍摄，1912 年 1 月 18 日，奥茨 (Oates)、鲍尔斯、斯科特、威尔逊和埃文斯 (Evans) 在南极点，《每日镜报》(1913 年 5 月 21 日) 的半色调复制照片，标题为"生前的胜利: 五名英雄在南极"。

携带的装备、收集的科学信息，甚至他们的日记和尸体可能永远都不会被发现。1912年11月搜救队发现他们时，斯科特的尸体躺在一顶帐篷里，手中握着一台8×10相机和两卷胶卷，他的旁边是鲍尔斯和威尔逊（Wilson）的尸体（两名先于斯科特死去的探险队成员），此时距他们去世已经过了8周。如今大部分情况下，人们拿出这张斯科特团队在南极点照片的复制品是为了纪念他们英勇的牺牲。《每日镜报》（*Daily Mirror*）销量领先的一期报纸——1913年5月21日的"斯科特上校号"第一次公开刊登了斯科特团队在南极的照片，这张团队自拍照的复制品被镶嵌在黑色的边框里，这是向死者致哀的一种传统格式，照片的标题是"生前的胜利：五名英雄在南极"。照片中的人脸上和身上都刻满了疲惫与失望，他们有人望着无人操作的照相机镜头，有人望着眼前无尽的茫茫白雪。这张照片在各大报纸、各类图书和演讲中广泛传播，将一次失败的探险升华为一个有关英国勇士壮烈牺牲的故事。

随着20世纪飞行技术的发展，探险家对国家领土的探险式扩张发展到了新的纵向高度。探险者迅速利用飞行技术与自己的照片来庆祝热气球、飞艇和飞机的发明，以及从高空俯视大地的全新角度的诞生。1926年，罗尔德·阿蒙森和美国百万富翁林肯·埃尔斯沃思（Lincoln Ellsworth）首次由欧洲到美国横飞北极海洋。这架由意大利陆军上校昂伯托·诺比尔（Umberto Nobile）建造并驾驶的"挪吉号"（Norge）飞机飞行了72小时，航程5460.5千米（3393英里）。他们于1926年5月12日飞到北极上空并投下许多面国旗，旗子一端绑着金属块以便使旗子能够插入冰中。首先抛下的是挪威国旗，然后是星条旗，最后抛下令阿蒙森十分气恼的特大号意大利三色旗。关于这次探险，留下了许多丰富的插图，其中包括展现装满国旗准备在北

极投掷的飞机内部结构的照片（图24），还有一些从空中俯拍的照片展示了远处一面面小小的国旗。[30]

到了20世纪，由于极地地区的地理政治学意义越来越重要，各个国家都开始通过航空、摄影、竖旗等手段扩大自己在极地地区所控制的区域。1929年，一支挪威探险队从空中探索并拍摄了南极洲北部的毛德皇后地（Dronning Maud Land）。1938—1939年间，一支德国探险队驾驶着汉莎航空公司资助的"新士瓦本号"（Schwabenland）轮船又一次来到这里，他们从轮船的飞机弹射器上发射出两架水上飞机，第一次对毛德皇后地进行了系统的空中影像调查，绘制了约25万平方公里的一片区域。这支团队将科技与勘察相结合，在战略沿海地区插上了德国国旗，并通过内陆飞机抛下纳粹党的十字旗，以支持自己在所谓的新士瓦本地（Neuschwabenland）的领土要求。[31]在20世纪中期，英国也将航空摄影作为自己在极地地区积极追求科学与战略调查的手段之一。英国皇家空军在"白羊座"（Aries）飞机1945年飞越北极和20世纪50年代飞越福克兰群岛（Falkland Islands）时分别拍摄了一系列的航空照片，航空调查探险队利用摄影收集地理信息，支持英国在南极洲的领土要求。[32]

在征服了南极和北极之后，人们又开始尝试将国旗插在新的土地上。珠穆朗玛峰被公认为地球"第三极"，对于很多国家尤其是英国来说，这座山峰提供了最后一次帝国出征的机会。英国垄断了探索此山的权利长达30年，摄制了上千张照片和地图，并尝试了各种不同的登顶路线。丹增·诺盖（Tenzing Norgay，1914—1986）于1953年5月29日登上珠穆朗玛峰顶峰的照片一直以来被视为最有标志性、流传度最广的举国旗照片（图25）。丹增举起了多个国家的国旗，以示这座山峰是多国共同征服的。拍摄这张

（对页）图24
拍摄者不详，"飞机的内部，阿尔杜伊诺（Arduino）正在检查油箱"，罗尔德·阿蒙森和林肯·埃尔斯沃思提供，飞越极地海洋的第一架飞机(伦敦，1926年)。

照片的艾德蒙·希拉里（Edmund Hillary，1919—2008）回忆说："我带着相机，相机里装着彩色胶卷，我一直把它们放在衬衣里面保温。我让丹增在顶峰摆好姿势，挥舞手中的冰镐，冰镐上系了一根绳子，绳子上是英国、尼泊尔、美国和印度的国旗。"[33] 人类的身躯昂首站立，身后是高海拔的光线所折射出的深蓝色天空，这一画面与人类第一次登上月球的照片极为相似。因为丹增的脸在氧气罩后难以辨别，许多看到这张照片的西方人都认为站在这里的其实是希拉里。事实上，并不存在希拉里在峰顶的照片。虽然丹增有多年攀登珠穆朗玛峰的经验，但是他并不熟悉照相机的操作，后来希拉里也解释说站在珠穆朗玛峰顶峰根本没法进行摄影教学。[34] 希拉里拍摄了三张丹增在峰顶的照片，以及一系列各个角度的景观照。拍照的目的除了展示地球最高点的壮观景象以外，也是为了消除人们对他们是否真正登顶的怀疑。如果没有最高峰上上帝视角般的全景图，怀疑论者很有可能会认为他们的照片是从下面一座矮峰上拍摄的。

　　用照片征服珠穆朗玛峰也由于文化与政治的因素而成为焦点。这支英国主导的探险队成功登顶的消息于1953年6月2日传到伦敦，举国欢庆。而这一天正好是伊丽莎白二世加冕的日子。这两大事件在英国媒体中被明确地联系了起来。官方电影《征服珠穆朗玛峰》（The Conquest of Everest）以那张登顶照片作为开始，紧接着就是女王加冕日伦敦街头的景象。不过，丹增是在尼泊尔长大的夏尔巴人，当时在新独立的印度居住，而艾德蒙·希拉里则是新西兰人。评论员们很快开始谈论到底谁是登顶的"第一人"，哪个国家又能主导对珠穆朗玛峰的征服和占有。正如人们预料的那样，这让丹增站在峰顶的照片在全球传播开来，不同国家的人争相观看。[35]

（对页）图25
　　艾德蒙·希拉里拍摄，丹增·诺盖站在珠穆朗玛峰顶端，1953年5月29日，35毫米彩色胶片拍摄的照片。

征服太空

在20世纪，对地球的两极和最高峰的征服对于像英国这样的国家来说是展现实力的最好方式，到了20世纪下半叶，外太空则成了军事大国竞赛的表演场。事实上，就在珠穆朗玛峰被征服不久的1957年，苏联发射了第一颗人造地球卫星。4年后，1961年8月6日至7日，苏联宇航员盖尔曼·蒂托夫（Gherman Titov，1935—2000）搭乘"东方2号"载人飞船来到太空，成为进入太空的第二人，他拍摄了人类第一张来自太空的地球照片。在他25小时的太空飞行中，蒂托夫使用手持型Konvas照相机拍摄了大量照片，后来他在一些照片上签字留言作为太空探索的纪念品。当时苏联宇航员还无法拍摄彩色照片，与多年后美国拍摄的地球照片不同，蒂托夫拍的照片是黑白的，而且照片中只有地球的一部分。

人类长久以来就一直幻想着太空旅行，因此在探索太空的想法出现之前，太空中微亮的地球就一直萦绕在人们的心头。1961年，总统约翰·费茨杰拉德·肯尼迪（John F. Kennedy）宣布美国人将在十年内登上月球，这预示着太空竞赛时代的全面来临。太空竞赛不只与国家荣耀和个人美名密切相关，也是冷战双方军工力量的公开展示。摄影也随之被广泛用于讲述有关国家发展进步的故事。

最为著名、流传最广的太空探险摄影都来自1958年成立的美国国家航空航天局（NASA），尤其是它第一次将人类送上月球的阿波罗登月计划（Apollo programme，1961—1972），以及后来的太空穿梭计划（Space Shuttle programme，1981—2011）。[36] 在人类进入太空之前，照相机已被送入太空。NASA的科学家将照相机安装在无人月球探测器上，以获知月球表面的视觉信息，便于选择登陆地点。这种照片一般是黑白的，由飞船上的装置进行冲印扫描。不过，用于电影行业的70毫米胶卷等高速彩色胶卷在当时已经可以使用，人类所拍摄的太空彩色照片才真正能够迎合人们的想象。1969年7月，乘坐"阿波罗11号"（Apollo 11）首次踏上月球的尼尔·阿姆斯特朗（Neil Armstrong）拍摄的队员埃德温·奥尔德林[Edwin（'Buzz'）Aldrin，又名"巴兹"]在月球行走的照片很快成为20世纪最具标志性的照片之一（图26）。在阿姆斯特朗的照片中，奥尔德林正穿着笨重的宇航服站在月球表面，他头盔的有机玻璃上反射出阿姆斯特朗正在拍照的样子及他长长的影子，还有涂着金色隔热层的登月舱（代号"鹰"）的一个侧面（画面的右前方可以看到登月舱的一支脚架），灰色的月球表面上有一些杂乱的脚印，提醒着我们"阿波罗11号"所象征的"人类的一大步"。虽然美国宇航员并没有宣布对月球的占领，但对大多数美国人来说，阿波罗计划代表了美国边疆拓荒的最后一次浪潮，也是国家无畏对抗自然力量的特殊典范。[37]美国历史学家弗雷德里克·杰克逊·特纳（Frederick Jackson Turner，1861—1932）认为不断扩大的西方疆域很好地塑造了19世纪90年代的美国人和民主政治。美国很多广为流传的太空探险记录把美国人站在月球上挥舞国旗的照片视为边疆拓荒的延续和19世纪美国西部实地测量摄影师的进化。威廉·戈茨曼（William Goetzmann）等历史学家认为，太空探险是始于库克船长太平洋航行的"第二大探险时代"的延续。进入外太空的海洋继续探险与美国人之间有一种特殊的共鸣，因为他们的国家使命感自古以来就与不断进行的探险与发现紧紧相连。[38]

　　包括20世纪的太空探险在内，很多探险类的爱国故事中，白种男人都是探险家角色的最佳人选。虽然很多女性飞行员都受过训练并通过了NASA的宇航员测试，但最终

图 26
　尼尔·阿姆斯特朗拍摄，"宇航员埃德温·奥尔德林站在月球表面，旁边是登月舱的一支脚架"，1969 年 7 月 20 日，阿波罗 11 号，70 毫米彩色胶片拍摄的照片。

都被拒绝了，因为她们没有军用飞机飞行员的资格，在当时这一资格只授权给男性。在科学、军事和政治领域，主流的性别文化观念认为女性并不适合重要的公共角色。

从性别角度看美国开拓者的故事，奥尔德林和柯林斯（Collins）应该是适合太空飞行的牛仔，以美国的名义登上遥远的土地。其实，除了已有的"美国命运"论和弗雷德里克·杰克逊·特纳的"边疆理论"外，NASA的登月计划也是冷战策略的一部分，当时的冷战策略很快将科学调查纳入国际合作与竞争之中。而且登陆月球为人们重新勾画了地球这颗星球及人类的共同家园的形象，而不是激发人们去新土地上殖民。摄影在这一想象地理的重构中发挥了重要的作用，这一点我们将在下一章继续讨论。

摄影不仅仅是航天工程公共关系活动的一种形式，也作为一种技术被NASA应用到更宽的领域，在这些领域中对太空探险活动的投资可以使美国的科学、工业、政府和整个社会受益。早在1972年，NASA的技术应用办公室就发表了一份报告，称摄影"是太空计划中使用最广泛的技术或科技"，并介绍了摄影技术是怎样通过NASA的创新工作而得到广泛发展的。[39] 摄影技术的进步包括高速和频闪相机、专业导弹跟踪相机、立体特写相机（用于拍摄月球表面的微小物体），以及"地球资源记录与分析"（卫星和遥感相机）。事实上，在肯尼迪航天中心的例行发射中，每次都会携带多达130台相机，其中90台是专门设计的"工程相机"，用于拍摄静止和动态的照片，每一台都通过特殊的相机控制装置进行遥控。

所有的太空照片，包括那些最受欢迎、最为美丽的照片都是科学的产物。哈苏月球表面数据相机中安装有一个方格网片：一个装在相机背后接近胶片平面部位的玻璃片、玻璃片上刻有校准十字星。十字星（基准点）来自精

图 27

　　尤金·塞尔南拍摄，"施密特身上沾满月壤"，1972
年 12 月 12 日，阿波罗 17 号，70 毫米彩色胶片拍摄的照片。

密测量摄像机系统，这种系统的功用依赖于它从照片中获取精确几何信息的能力。每一张已曝光的胶片上都有十字星网格，用于之后数据分析的参考点，也可以用来矫正各种形式的胶片失真。[40] 如我们之前提到的，早期的探险摄影师会在拍摄实地借用一些等效标志物，像标尺之类的。随着摄影测量技术的发展，这些标志事物被安装在了相机内部。正如"月表数据相机"的名字所代表的含义一样，太空探险摄影不再只是为了记录和展现某一个画面，而已经成为月球测绘和精密几何测量的一种重要手段。

"阿波罗号"飞船上的宇航员虽然接受了大量科技训练，其中也包括怎样使用不同类型的照相机，但是他们的身份归根结底是军人，而不是科学家。世界上第一位在月球行走的科学家是哈里森·哈甘·（"杰克"）·施密特 [Harrison H.（'Jack'）Schmitt]，他是一名地质学家，同时也是"阿波罗17号"飞船的登月舱"挑战者号"的驾驶员，1972年发射的"阿波罗17号"是NASA的最后一次登月任务。指令长尤金·塞尔南（Eugene Cernan）所拍摄的一张施密特在月球上的照片显示，他正在登陆点陶拉斯－利特罗峡谷（Taurus－Littrow）进行舱外活动（EVA）——收集月球样本（图27）。照片前部岩石上的像三脚架一样的东西是指时针和测光表的组合，它可以精确地提供太阳的垂直角度、比例和光色以作为拍照的参考物。照片可以记录下月球地质的各个方面，施密特在"休提陨石坑"（"Crater Shorty"）发现了一种特殊的橘色土壤——"注钛"或者"彩色"玻璃微粒，这使科学界和媒体都为之一振。对比照片中的色度，这种土壤并不是橘色，而是与月球表面的其他颜色一样，是一种土灰色，与施密特宇航服上的月壤一样。虽然照片中这台带有指时针的仪器表现了摄影提供科学记录的功用，但之所以拍摄彩色照片而不是黑白照，更多的是因为比起科学，NASA更关注公共价值。一开始就有很多科学家表示应该只拍摄月球的黑白照片，因为黑白照片清晰度更高，而且比起彩色照片能更好地表现相对亮度。彩色照片反映的是地球上的有色光谱，而不是宇宙的真空单色，所以表现出来的月球颜色与在地球上是不同的。

水下世界

不时会有这样的言论，认为人类拍摄的海底照片还不如月球照片多。在探险领域来说，人们对摄影的一大期望就是能够拍出海底、湖底、河底的精彩世界。1872—1876年间的"挑战者号"探险，其主要出发点就是人类对深海的一无所知，虽然船上装备了摄影设备，但当时拍摄的与海洋有关的照片，不管是冰川还是企鹅，都是海水表面的景物。其实这并不奇怪，因为对于当时的探险家来说，水下

图 28
　一名水下探险者正利用人工照明和特制照相机拍摄海底景色，源自《科学插图》，1894 年，版画。

是最具挑战性的探险环境，更别说尝试在水下操作摄像仪器了。虽然也有一些早期的尝试者，像1856年在英格兰威茅斯湾（Weymouth Bay）将相机绑在绳子一端拍摄水下照片的威廉·汤普森（William Thompson，1822—1879），还有1866年法国的欧内斯特·巴赞（Ernest Bazin）和1875年加利福尼亚的埃德沃德·迈布里奇（Eadweard Muybridge）。直到19世纪90年代，法国动物学家路易·布唐（Louis Boutan，1859—1934）在法国地中海沿岸滨海巴尼于尔（Banyuls-sur-Mer）的阿拉戈海洋实验室的试验成功，人类才真正开始投入水下摄影。

布唐的研究基于人类长久以来对探索海底世界的幻想[儒勒·凡尔纳（Jules Verne）1869年的小说《海底两万里》（20000 Leagues Under the Sea）中想象了在水下摄影的情景]，并受到等待水下摄影师去探索的奇幻世界的激发（图28）。在这张1894年《科学插图》（Science Illustrée）杂志发表的版画中，布唐正在试验电力碳弧灯和鼻管潜水装置。他与自己的弟弟——工程师奥古斯特（Auguste），以及机电工程师沙富（Chaffour）合作，共同设计镁光灯。不过，他发明的照相机需要特殊保护，体型十分庞大，一个人无法携带，而且由于曝光时间需要数分钟，因此无法拍摄不断移动的海洋生物。像这幅版画的内容一样，神奇的海底摄影只是艺术家的想象，早期尝试者所拍的都是十分劣质模糊的照片。画中的照相机更多的是对探险和发现活动的一种暗喻。不出所料，像威廉·萨维尔-肯特（William Saville-Kent）的《澳大利亚的大堡礁：产物与潜力》（The Great Barrier Reef of Australia: Its Products and Potentialities，伦敦，1893）中的照片一样，早期的海洋生物照片都是在陆地上的摄影样本，而不是潜入水下拍摄的。布唐的行为引起了人们对这一领域的

关注，他于1898年出版了第一本有关水下摄影的书，并在1900年的巴黎万国博览会上展示了他的照片样本。[41]

　　与地球的其他地方比起来，海洋深处多年以来都是探险者和照相机无法触及的世界。决定将人类期待已久的深海探险变为现实的一位探险家是奥古斯特·皮卡德（Auguste Piccard，1884—1962）教授，他是一名比利时籍的瑞士物理学家。皮卡德所取得的成就和怪异的性格使他成为埃尔热的小说《丁丁历险记》中的"卡尔库鲁斯教授"（Professor Calculus）的原型。1953年8月，他和儿子雅克（Jacques）在意大利驾驶球形潜水装置"特里斯特号"（Trieste）进行水下探险，引起了社会的广泛关注，他们在水上拍摄的潜水装置和自拍照被"启斯东"（Keystone）等商业摄影公司大肆宣传（图29）。

　　1960年，雅克·皮卡德和曾是美国海军潜艇兵的船长

图29
　　一位不具名的启斯东公司摄影师拍摄，1953年8月5日：奥古斯特·皮卡德教授在意大利斯塔比亚海堡（Castellamare di Stabia）启动他的球形潜水装置"特里斯特号"。

唐·沃尔什（Don Walsh）决定潜入"挑战者深渊"（Challenger Deep），这里是马里亚纳海沟（Mariana Trench）的最深处，底部距离太平洋上的美属关岛海平面322千米。奥古斯特·皮卡德设计的钢质潜水装置"特里斯特号"下潜了5个小时，最终到达了近1.1万米的深处。这次探险没有拍到明亮的照片，潜水器在海底着陆时搅起的泥沙让潜艇上的人员难以视物，但是皮卡德称在即将到达海底时他看到了一条比目鱼，这一说法遭到当时海洋生物学家的质疑。今天，人们利用配有专门摄像机的机器人"兰德斯"潜到深海沟探险，并在近8000米的深处发现了海洋生物存在的证据。人们对于深海沟是如何成为全球碳库的持续关注很有可能使之成为未来探险活动的一大主题。这一切极有可能通过装配有专业摄像系统的遥控装置实现，例如2009年，一支来自马萨诸塞州伍兹霍尔海洋研究所（Woods Hole Oceanographic institution）的团队曾利用机器人车"涅柔斯号"（Nereus）探索"挑战者深渊"。虽然花费巨大并伴有很大的风险，但携带着摄像设备驾驶载人潜艇潜入海底深渊仍然具有无限的魅力——电影导演詹姆斯·卡梅隆（James Cameron）在2012年谈论皮卡德和沃尔什1960年潜入马里亚纳海沟"挑战者深渊"事件时如是说。

20世纪，有关著名的法国潜水者雅克·库斯托（Jacques Cousteau，1910—1997）的照片、电影和书籍风靡一时，使深海探险的照片和故事受到了人们的广泛关注。在20世纪50、60、70年代，当库斯托要开始新的水下冒险时，摄影记者就会纷纷涌到现场拍摄，比如1960年他的深海潜艇"卡里普索号"（Calypso，图30）和1967年他的单人潜水器"海蚤"（Sea Flea）。库斯托的探险照片在《国家地理》（*National Geographic*）等插图杂志中占有重要位置，让更多的人欣赏到了水下王国的美景，并使他以先

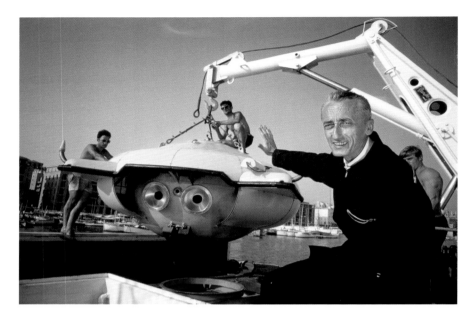

图 30
　　托马斯·J.阿伯克龙
比（Thomas J. Abercrom-
bie）拍摄，"雅克·库斯
托在他最新的水下探险潜
艇——深海潜艇'卡里普
索号'旁，波多黎各"，
1960年。

驱探险者的身份声名远扬。

　　在库斯托的鼓舞下，摄影师们成功采用了水下人工
照明的新技术，将海底的奇观与美景展现给世人。其中
一位是美国摄影师大卫·杜比勒（David Doubilet），
他拍摄了世界各地的海底生物和海洋环境，并早在20世
纪70年代就在《国家地理》等杂志上发表自己的作品。
不过，很多水下探险摄影师的焦点一直放在拍摄人类或
者是深海中的远程技术上，比如2001年在大西洋中脊露
面的俄罗斯潜水器"Mir 2"（图31）。很多有关海洋环境
的照片质量很差，对于习惯了清晰的陆上照片的人们来
说，辨认这些照片十分费劲（比如在复制的时候经常会
出现上下颠倒的情况）。正如极地探险的照片一样，深
海探险的照片也多是出于国家的利益而拍摄的。著名的
例子是北极水下的潜艇探险队，从1930年的"威尔金斯-艾

图 31

　　埃默里·克里斯托夫
（Emory Kristof）拍摄,"潜
水器‘Mir2’触到大西洋海
底",大西洋中脊,2001 年
7 月。

尔沃斯沃"（Wilkins-Ellsworth）探险队到 2007 年的俄罗斯"Mir1"和"Mir2"探险队。最终的照片大部分都是在水面上拍摄的潜艇装备,装备上印有国家政府和赞助商的名字,比如 2008 年在西伯利亚贝加尔湖上的俄罗斯潜艇探险队（图 32）。

　　那些所谓出于科学目的的探险,其照片基本也成了一个象征性符号,传递的都是国家力量、整体实力和人类对自然的征服等信息。比如在阿波罗计划中,摄影不仅是出于科学研究的需要,更有其政治目的,要让美国纳税人都能见证太空探险的标志性时刻。[42]如今,在中国、俄罗斯、印度的很多国家资助的探险活动中,摄影也是出于类似的目的。不管是美国国旗插在月球表面的照片,还是俄罗斯国旗插在北极海底的照片（图 12）,其意义都不仅是记录一项科学探险活动,更是要展现人类占领新领土的象征性画面。在某些情况下,这些仪式和照片甚至是正式

宣布领土所有的一部分。照片作为一种客观证据在多大程度上被接受，取决于摄制并观看照片的整个社会的社会参数。有些人在各种证据面前仍然坚持认为NASA的月球登陆照片是伪造的。虽然像这样的说法是明显错误的，但是表现探险壮举的照片都会统一拍摄探险中的部分有选择性的画面。比如在首次登月任务中，阿姆斯特朗和奥尔德林费了很大力气才将国旗插上；他们没办法把旗杆伸到月球表面上竖起，保持国旗在旗杆上伸展直立的伸缩臂也无法完全伸开，因此最后国旗扭成一团。奥尔德林后来回忆说，离开月球时他在登月舱里遥看登陆点，最后看到的画面就是国旗歪倒了。[43]

出于探险和领土占领的目的所拍摄的照片用真实和虚拟两种方法划定着地理方位。比如，根据罗尔德·阿蒙森和罗伯特·斯科特的探险，今天人们把地理上的南极点用金属杆和标志图标记了出来。自从1956年建立了美国阿蒙

图 32
德米特里·科斯秋科夫(Dmitry Kostyukov)拍摄，"小型潜水器'Mir2'正被放入俄罗斯贝加尔湖中"，2008 年 7 月 29 日。

森－斯科特南极站，人们拍摄了大量南极照片，现在的游客都在特别指定的"仪式性南极点"上拍照，这里距地理上的南极点很近。这个"南极点"由一根短柱标出，短柱顶端有一个镜球，四周环绕着1961年《南极条约》签约国的国旗，《南极条约》规定南极洲仅用于国际科学研究、国家合作与和平的目的。因此通过这面银镜球的反射，在这里拍摄的照片通常都会带有几个国家的国旗。摄影，曾经一度作为某个国家领土占有的证据，现如今不仅展现着南极的外貌，也代表了它有争议的国家地位。[44]

从一开始，探险摄影就被卷入可信性与准确性的社会考量，这两个因素一直影响着探险者的发现的形成和接受度。科技发展使摄影能够应用到各种不同的环境当中，却无法降低人类矫正照片、做出判断的重要性，也无法消除出错的可能。即使NASA训练有素的宇航员也曾把照片拍得一团糟。大规模国家资助的探险总是将照片归功于某个机构而不是个人，并宣称它们是一种科学记录而不是艺术创作。不过，照片一直在科学和艺术这两个文化类别中左右摇摆，在下一章中我们将发现，其实探险照片其艺术的美感和科学的严谨都能得到激发。

图 33
  "阿波罗 17 号"宇航员拍摄,"阿波罗 17 号宇航员飞
往月球时看到的地球景观",1972 年 7 月 12 日,阿波罗 17 号,
70 毫米彩色胶片拍摄的照片。

第三章

用相机记录自然

1972 年 12 月，当"阿波罗 17 号"载人飞船飞向月球执行最后一次美国登月任务时，宇航员拍下了被阳光完全照射的地球画面。飞船上一名从未透漏身份的宇航员用哈苏相机拍摄了一系列彩色照片，其中一张照片被等候在陆地的新闻记者发现并迅速成为由人眼拍摄的复制量最大的地球照片，也是有史以来最受欢迎、流传最广的照片之一（图33）。这张"整个地球"或者叫"蓝色弹珠"的照片展现了清晰的地球画面，从地中海到南极洲冰冠、非洲大陆的海岸线、阿拉伯半岛都清晰可辨。这张照片之所以如此受欢迎，一个重要的原因就是它的美学价值：在一块黑色的方形幕布上，悬浮着一颗蓝色、棕色、白色相间的明亮圆球。摄影师看到并拍下的是南极洲在最顶端的地球，但是在公开之前将照片作了旋转，因为人们习惯了西方制图规范，南极一般是在底端，因此旋转照片使人们更容易辨认。

这张照片因包含了整个全景的地球而变得特殊，其实之前的阿波罗任务中就已经拍摄了轰动一时的太空中的地球照片。比如，1968年12月24日，"阿波罗8号"的宇航员威廉·安德斯（William Anders）拍摄的彩色地球照片——广为人知的《地出》（*Earthrise*），就受到了广泛关注

图 34

　　威廉·安德斯拍摄，"地出"，1969 年 12 月 24 日，阿
波罗 8 号，70 毫米彩色胶片拍摄的照片。

图 35
　美国邮票"阿波罗 8 号"，1969 年。（图片文字："天地之初，上帝……"阿波罗 8 号，6 美分，美国）

（图34）。

　　拍摄地球照片并不在"阿波罗8号"宇航员的官方计划上，这次宇宙飞行是执行第一次载人环月任务，这张照片是飞船在月球轨道航行时，宇航员刚好看到地球出现而拍摄的三张照片之一。从宇航员的视角来看地平线是他们所在的绕月轨道，因此如图中所示，在安德斯的照片中月球的边缘是垂直的。通常情况下，这张照片会以半个被照亮的地球在月球的水平面上方的方式呈现，这符合西方制图规范的景观艺术。1969年，美国邮政局出版了一套纪念邮票，上面印有调整方向后的照片及一句话："天地之初，上帝……"这是1968年平安夜"阿波罗8号"宇航员进行公众直播时引述的《创世纪》中的一句话，他们在直播中展示了太空中的地球和月球照片（图35）。这些照片虽然唤起了人们对传统地球景观的解读，但是这颗明亮而遥远的彩色星球和陌生而令人生畏的前景也同时颠覆了传统地球景观。

　　有关地球的照片长久以来总是引发我们思考人类在宇宙中的地位。随着声势日渐浩大的环保运动的开展，阿波罗地球照片如今意味着人类势必要保护好在茫茫宇宙中悬浮着的这颗脆弱的地球。这些照片从地球以外的角度看地球，与之前对整个地球的绘图和想象一样，反应并塑造着人类对世界的想象，以及人类在宇宙中的位置。[1] 讽刺的是，太空计划的目的是将人类送往未知的世界，而阿波罗照片对很多人来说却是意味深远的回归地球，是在有力地提醒人们地球是我们唯一的家园。

探寻美丽景色

　　探寻自然界中的美景和奇观一直以来都是探险文化的一部分，尤其是探索那些远离人类文明的地区，总是能在一片荒野中发现奇观。早在20世纪的太空探索之前，摄影就因其能够记录美景的功能和科学客观性而被应用到探险活动中。事实上，虽然20世纪的历史学家掀起一股将科学摄影与艺术摄影相区分的潮流，但是这两个领域的界限从来都不彻底分明。早期人们通常将摄影视为一种"艺术科学"，对于很多摄影师来说，科学功用和艺术美感并不是互相矛盾的。士兵兼摄影师威廉·阿布尼（William Abney）在他的一本有关摄影的畅销书中说过："要想成为一名优秀的摄影师……就必须兼具艺术头脑与科学思想。" [2] 这种说法得到了广泛的支持。19世纪60年代，詹姆斯·麦克唐纳（James McDonald，1822—1885）上士在执行英国地形测量局的工作时拍摄了耶路撒冷和西奈的地形及建筑照片，这些照片的质量和美感可以媲美顶尖的专业风景摄影师。

事实上，有关探险的图像一直以来就同时涉及艺术和科学两个领域。早期的探险摄影师都是在探险美术家的作品基础上形成审美习惯，进而展开摄影工作的。18世纪以来，探险为美术家带来了一个崭新的世界和全新的机遇，一些探险美术家不可避免地受到自身背景、文化和艺术培养的影响，戴着有色眼镜去看这个全新的世界，但也有一些人试着接受当代欧洲的视觉习惯，努力探寻这一完全不同的环境，并报以带有自己特殊风格的图像画作。[3] 他们最终的作品——不管是素描还是油画，在文化角度和物质角度上来看都是不停变化的，在不同的背景下传播和展示，也在艺术和科学两个领域左右徘徊。摄影师并没有取代探险美术家的角色，而是经常与他们并肩合作。例如，著名的传教士探险家戴维·利文斯通（David Livingstone）在展开1858—1863年的赞比西河探险时，就给探险队的官方摄影师——他的弟弟查尔斯（Charles，1821—1873）和官方美术师托马斯·贝恩斯（Thomas Baines）分别写了两封内容极其相似的说明信，建议他们描绘出"不同部落的典型样本……以及有特色的树木、植物、粮食、水果、动物和景色的样本"。[4] 摄影师总是模仿探险美术家的构图法则，而画家也在努力探索摄影的客观性语言。托马斯·贝恩斯的一幅油画画的就是赞比西河岸的一块陡峭岩石上架设着一台相机，画面上还有两名摄影师（图36），画面前部是他自己正悠闲地喝酒，在素描略图上就是这些内容。他或许是想嘲弄摄影师居然想用自己笨重的设备捕捉这崎岖的地形和湍急的河水。[5] 其实，在贝恩斯眼中摄影既精确又美丽，画中的照相机也是想表达画作与照片可以共同制作值得信赖的探险图像。

查尔斯·利文斯通缺乏摄影经验，又饱受疟疾和疲惫之苦，用他笨重的湿版摄影（也称火棉胶摄影）设备艰难

图 36
托马斯·贝恩斯绘制，"赞比西河 Kebrabasa 的两条湍急支流(Shiba-dda)"，1858 年，帆布油画，45.6×66 厘米。

地进行拍摄工作，他需要在野外涂布火棉胶玻璃底片、调整光敏度、曝光、显影、定影。虽然过程一波三折，但是查尔斯还是带回英国40多张立体负片，他打算以科学和兴趣爱好的名义将它们出售。其他探险家同时使用摄影技术和传统描绘与收集的方法。此次探险中的"经济植物学家"约翰·柯克（John Kirk，1832—1922）是一位经验丰富的业余摄影师，他使用更加便携的干版底片和蜡纸负像工艺成功摄制了很多地形与植物的照片。[6] 植物图纸和实物样本可以为人们提供物体的色彩和近距离的细节，甚至是亟待繁殖的植物种子，摄影虽无法取代它们，但是可以有效地记录大型植物群和动物群样本，正如下图中这种特殊的树和蚁丘（图37）。柯克给自己的照片标上细节标注，连同一些素描、说明书和植物样本一同寄给了伦敦市郊裘园的英国皇家植物园。从此照片被认定为获取远处可靠证据的便捷方式。戴维·利文斯通将照片和地图、素描放入探险队急件发送给英国外交大臣，以证明自己的赞比西河适航理论并申请额外的探险资金。[7] 不管从艺术还是科

图 37
约翰·柯克拍摄，"赛那（Senna）附近景观，左边是一棵猴面包树，右边后方是一棵大罗望子树，前面是一个蚁丘和莫伊瓦树（Moevwa tree）。

学或者是两者共同的角度来看，这种照片的意义都不是单纯的，因为这些探险活动都有明确的资源开发、人口迁入和"文明开化"等殖民目的。查尔斯·利文斯通出于对人种学的兴趣拍摄了一些有关人类的照片，但是约翰·柯克的照片是为了研究"经济植物"，因其完全不涉及人类而更加突出。正如探险家的地图上将有待"发现"的土地标为一片空白一样，照片也可以不去展示本土居民的风貌。

对美景的探寻促使美国地理地质调查队的摄影师于1867—1879年间对美国西部展开探索。这支探险队在美国内政部和陆军部的支持下得到国会的资助，由科学界人士带队，直接目的是勘察广阔的西部地区的发展潜力（以及当地的原住民"问题"），以便于在此地进行矿产开发、铁路修建、投资建设和人口迁入。探险队的摄影师大部分是民间企业家而不是受过训练的军事摄影师，他们的背景来历各不相同，都在这次艰巨的任务中打上了各自的烙印。与大部分美术家不同，探险队中的摄影师是有报酬的，他们被视为一种技术和科学工具，与文字记录员和制图员一样为探险做永久性的直观记录。虽然探险队的带队者在为摄影师争取资金时声称照片能够矫正美术家对原物的夸张创作，但是探险摄影并不是完全真实客观的，难免会受到摄影师审美习惯的影响。与画作一样，照片也会着力突显优美的景色、表现美国国家扩张的正面意义。例如，在斐迪南·范迪维尔·海登（Ferdinand Vandeveer Hayden，1829—1887）的邀请下，威廉·亨利·杰克逊（William Henry Jackson，1843—1942）作为1870—1877年美国地理地质调查探险队的官方摄影师，拍摄了探险队在美国亚利桑那州、科罗拉多州和新墨西哥州的探险活动。[8] 杰克逊对于室内摄影很有经验，还拍摄过许多铁路建设过程的照片，他懂得怎样将手中的设备运用到极致来增加照片

的视觉感召力。他1872年拍摄的一张照片展示的是探险队带着辎重在黄石森林和东叉河（East Fork Rivers）之间的小路上前行（图38）。杰克逊利用河水的反光和距离较远的视角，像一名画家一样谨慎地表现着探险队通过这片空旷、荒芜的土地时的神貌。美感与现实的结合使这类照片成为促进探险调查发展的重要工具。很多照片被送到政治人物手中，并通过商业广告传播到世界各处，畅销插图读物和官方调查报告中的印刷品和木刻版本也流传甚广。摄影师和探险队首领都有照片的版权并从照片及其复制品的销售中获利。

一些照片在田野科学的摄影场景中扩大了艺术因素。1877年，约翰逊拍摄了一张探险队在科罗拉多州拉韦塔

图38

威廉·亨利·杰克逊拍摄，在黄石森林和东叉河间前行的探险队，1872年，蛋白照片，15.8×21.3厘米。

图 39
威廉·亨利·杰克逊拍摄,科罗拉多州拉韦塔,1877 年,蛋白照片,25.4×33 厘米。在斐迪南·范迪维尔·海登带领下的美国地理领土调查行动。照片中人物(主要是坐着的人)从左至右依次为:约瑟夫·道尔顿·胡克公爵(1817—1911)、奥斯·格雷(1810—1888)、斯特雷奇夫人(Mrs Strachey)、简·洛林·格雷(Jane Loring Gray, 1821—1909)、史蒂文森上尉(Captain Stevenson)、兰伯恩教授(Dr Lanborn)、斯特雷奇将军、斐迪南·范迪维尔·海登。

(La Veta Pass)的照片(图39)。像威廉·鲍威尔·弗里思(William Powell Frith)等维多利亚时期著名的叙事画家的作品一样,这张照片在拍摄之前进行了精心的场景布置。杰克逊在户外一个缓坡上摆了一张桌子,让拍照的人围绕在桌子周围,以一片树林作为背景。照片中白色的桌布、茶杯、茶托和女性角色的出现暗示了这是一次悠闲而优雅的野餐,而背景中的植物采集设备、植物样本和营帐则彰显出一种正式的工作气息。杰克逊通过各种天然道具和田野科学工具标示出了每个人的地位、社会身份和在探险队中的职位。坐在距离镜头最近的是哈佛大学的植物学家奥斯·格雷(Asa Gray, 1810—1888),他的膝盖上放着一个用来装植物样本的干燥木盒,植物样本就在他身前的地上。他的右侧是英国植物学家约瑟夫·道尔顿·胡克(Joseph Dalton Hooker, 1817—1911)公爵,他手里拿着一把刀和一株植物。这次美国地理地质领土调查(1867—

1879）的带队者、地质学家斐迪南·范迪维尔·海登则坐在桌子的右侧，手中拿着茶杯和茶托。照片中还有几个身份不明的人物分散在人群外围，从他们的衣着打扮和手中的工具可以看出他们可能是猎人和导游，而边缘化的位置则暗示他们的社会地位相对较低。照片右边站着一个人，手中拿着一壶茶或咖啡，他是探险队的两名黑人仆从之一。与所有的照片一样，探险照片也会反映并强化某个人在整个社会中的身份和地位。[9] 虽然在这张照片中，女性不同寻常地出现在了探险队员中间的位置，但是在通常情况下照片中人物的位置都会暗示人们在科学、艺术和探险领域的身份，美国原住民和黑人的地位比较边缘化甚至毫无地位可言。更多的时候对西方领土的探索及其照片表达的都是19世纪美国人的命定扩张论，他们相信盎格鲁—撒克逊文明向西传播是不可阻挡的。像电报和铁路一样，摄影被视为现代社会的一部分，它将人民和土地都带入了一个全新的体系中。探险照片不仅记录下了美景，也形成并反映了人们看待、利用美国西部地区的新角度。[10]

追求如画景色

　　作为追求如画景色的一种方式，许多19世纪的摄影师带着相机投入探险活动。例如，多年从事印度医疗服务（1853—1890）工作的本杰明·辛普森（Benjamin Simpson，1831—1923）为了寻求别致的风景、研究人种问题而几次踏上了印度旅行，最终作为一名有天赋的业余摄影师而声名远扬。[11] 辛普森于19世纪60年代在印度东北部拍摄的风景照片展现了独特审美的吸引力（图40）。如画景色的概念在18世纪中期前往英格兰的峰区和湖区的旅行者中间形成，摄影师致力于寻找像图画一样宜人而又能够形成特殊构图的美景。像画家一样，摄影师也会四处捕捉适

宜的景色：不同寻常的自然景观、大片的植被、蜿蜒的溪流和江河、历史遗迹，乃至贫困的居民形象等，一经展示都会大获成功并招来迫不及待的买家。辛普森拍摄的平静小河的照片被镶嵌在椭圆形的框架里，前方的岩石和植被增加了小河的构图感。像这样的照片经常被放在带有凹面玻璃的相框里以增加其别致的效果。在这样的组合和框架内，这张不知名的印度风景照被渲染成了一处令人熟悉的英国景观。

　　很多早期的职业摄影师，尤其是那些迎合不断流行发展的如画景色市场的摄影师，常常自比为"探险者"，他们外出捕捉前所未见的优美风景，然后带着自己拍的照片形式的"大发现"返回。[12] 这种观点很快遍及整个职业摄影师行业。1856—1859年间，弗朗西斯·弗里思游历了埃及、西奈和巴勒斯坦，途中一直将一辆英格兰摄影马车作为自己的暗室和居所。[13] 塞缪尔·伯恩（Samuel Bourne，1834—1912）在1862—1872年的10年间，在印度创立了成功的摄影公司，并成为一名名声远扬的风景摄影师。摄影探险者经常追随欧洲旅行美术家的脚步。伯恩就曾模仿18世纪美术家的蚀刻版画，其中比较著名的美术家是托马斯·丹尼尔（Thomas Daniell）和威廉·丹尼尔（William Daniell），他们为了满足一位英国客户的需要曾遍游印度寻找别致美景。1866—1868年，伯恩为了寻找摄影圣地，在西喜马拉雅山先后展开了三次探险活动，最终他打破了传统的如画美景的概念。伯恩在喜马拉雅山的探险沿着之前殖民代理人的路径，像坎格拉地区（Kangra）的副总长菲利普·H.埃杰顿（Philip H. Egerton），1863年他曾花费3个月在喜马拉雅山检查羊毛贸易路线，他在自己的探险讲述中使用了很多照片。[14] 伯恩把自己的事迹发表在《英国摄影杂志》（*British Journal of Photography*）上，描述了他如何热爱用相机征服新土地，以及如何享受利用自己的殖民权力命令印度的导游、搬运工和当地居民为自己提供服务。

伯恩的一些照片记录下了在印度旅行不同寻常的一面，比如乘坐羊皮筏渡浅河（图41）或者是80多人像军队行军一样搬运他的摄影装备和生活用品的画面。伯恩的主要工作就是寻找如画的美景及攀登到喜马拉雅山的更高处，他拍摄的曼尼让径（Manirang Pass）位于海拔5670米处，比所有摄影探险者到过的地方都高。他的照片中一般不会出现人，除非需要人来作为深度和宽度的标记物。他著名的风景照片将印度塑造成他此次探险的美丽又壮观的映衬，但是却没有拍下他的印度雇工所付出的努力和辛苦。他后来在书面记叙中坦言，没有这些印度雇工，他的这次探险将不可能完成。

图 41
　　塞缪尔·伯恩拍摄，
"用于横渡库鲁山谷 (Kul-
liVally) 贝瓦地区 (Bajoura)
下方的贝亚思河 (the River
Beas) 的羊皮筏"，1866 年，
蛋白照片。

　　约翰斯顿（Johnston）和霍夫曼（Hoffman）等商业摄影师跟随塞缪尔·伯恩的脚步，为欧洲消费者拍摄了很多喜马拉雅山的别致景色（图42）。这些照片不只被当作美丽的图画，也是对英勇无畏的探险行动的记录。例如，负责管理公司的大吉岭工作室的西奥多·霍夫曼（Theodor Hoffman，约1855—1921），与留在锡金（Sikkim）的英国居民克劳德·怀特（Claude White）和一名摄影师一起，于1891年展开了在锡金境内的喜马拉雅山的探险。1892年，霍夫曼把他的照片、手绘地图和文字说明交给皇家地理学会，这些照片因拍摄景色别致、地理定位准确而得到一致称赞。[15]

霍夫曼不是唯一想把美景摄影与地理探险相结合的人。苏格兰摄影师约翰·汤姆逊在将摄影变为一种探险工具的过程中发挥了巨大的作用。汤姆逊从自己位于香港的工作室出发，于1862—1872年间游历了中国、新加坡、柬埔寨的大片地区。他回到英国后，精心制作并出版了一系列配有探险文字说明的照片。[16] 汤姆逊认为自己的摄影探险不仅是为了迎合市场需要而拍摄如画美景的商业旅程，更是让英国人民与千里之外的景物面对面、为不断扩张的大英帝国的版图提供客观记录的绝妙机会。1871年上半年，汤姆逊探访长江上游时就使用了两艘"本国船"来运送自己和一名陪同翻译、一名厨师及搬运工。这次旅行中他的大部分照片是惯例的优美景色照，但也有一些更直观地展现了长江奔流的江水和英国蒸汽轮船的航行（图43）。在他精心出版的大开本四卷装的《中国与中国人影像》（*Illustrations of China and its People*，1873—1874）中，汤姆逊为多张长江的照片添加上文字说明和地理介绍，从帝国的殖民视角和风景欣赏的角度使这条大江图像化。1886年，英国皇家地理学会委派他以官方摄影指导的身份外出探险游历，他在探险过程中训练同行旅行者的摄影技术，促使摄影成为所有探险者必备的技能。

在找寻美景的时候，摄影探险者总是想发现那些罕见、幽深之处如画般的景象。极地景观虽壮阔非凡，但对于摄影师来说却困难重重。极端的温度、日光和大雪带来技术上的困难，需要摄影师具备极高的摄影能力。1910—1913年的英国南极探险期间，赫伯特·庞廷抓住每一个可以拍出优美画面的瞬间。在天寒地冻的环境下，他不断让队友们摆出各种造型、制造艺术场景，他的队友们甚至因此发明了一个新动词：让我们来"庞廷"。在1911年的"特拉诺瓦号"轮船探险中，当其他队员都在卸载装备物时，庞廷

只身一人来到了附近的一座大型冰山上。他在山上找到了一处洞穴，庞廷称这座洞穴为"真正的阿拉丁的藏宝洞"，他说服了斯科特、泰勒和赖特前来观看并在这里摆造型拍照（图44）。这座洞穴的洞口恰好形成了一个取景框，框中是远处冰山旁停靠的"特拉诺瓦号"轮船，庞廷在这里拍摄了大量的照片。虽然这片土地无法奏出"可爱的蓝绿交响乐"，却展现出南极冰雪天地的神奇之美。后来庞廷说，在他的所有照片中，"我敢保证没有一张比我在南极拍摄的更为美丽"。[17] 对于以庞廷为代表的官方专用探险摄影师来说，既保证照片的美感又达到客观精确的要求并不简单，

图 43

约翰·汤姆逊拍摄，"Tsing Tiu（音译：清迢）急流，长江上游"，1872 年，巨幅蛋白照片，40.6×50.2 厘米。

（对页）图 44

赫伯特·庞廷拍摄，"冰山中的洞穴，远处是'特拉诺瓦号'轮船。洞穴中站着泰勒和赖特。" 1911 年 1 月 5 日，1910—1913 年英国南极探险队，明胶银盐照片。

但是照片的美感是用影像记录科学探险的中心任务，也是描述人类邂逅未知环境的重要方式。

发现壮丽景观

如画的景色代表着一种稳重、舒适的美，是对各路宜人风景的展现，不过勇敢的探险家还在寻找另一种粗犷的宏伟，一种能够激起人的豪情壮志的壮丽景观。宜人的风景照带来的是单纯的美感，而壮丽的景观则能使人感到敬畏、奇异、胆怯，甚至恐惧。从18世纪晚期开始，岩石、冰川、雪原等粗犷的景观对于探险者来说便拥有一种特殊的魔力，为他们带来了危险而又激动人心的视觉感受。追随欧洲浪漫主义运动的脚步，早期的摄影探险者被雄壮的高山深深吸引。一群欧洲摄影师很快背起相机来到阿尔卑斯山，为消费者和需要作画的美术家们捕捉壮丽的景色。高海拔为摄影带来各种各样的挑战，摄影师要在崎岖的山路上运送笨重的设备，还要面对极端的气候环境和冰雪的高强反射。1849年，巴黎一家纺织品公司的主管丹尼尔·多尔菲斯-奥塞（Daniel Dollfus-Ausset）和银版摄影法摄影师古斯塔夫·达代尔（Gustave Dardel，1824—1899）一起去阿尔卑斯山探索那里的地质与冰川。后来，自1855年起，多尔菲斯-奥塞又赞助并陪同另一名巴黎摄影师奥古斯特-罗莎莉·比松（Auguste-Rosalie Bisson，1826—1900）进行了多次阿尔卑斯山探险，他们携带着庞大的设备制作了1米宽的火棉胶玻璃底片。比松和他的弟弟路易-奥古斯特（Louis-Auguste）一起指挥随从的搬运工把摄影设备搬到勃朗峰顶峰。1858年，比松在勃朗峰拍摄了一系列跨度近3000米的全景照片。1861年，他用融化的雪水清洗显影后的底片，成功制作了第一张峰顶（4810米）的照片。

到了 19 世纪 60 年代，高山对人们来说不再只是表达美好的崇敬之情的对象，也是进行科学研究和勇敢探险的必到之地。1865 年，《阿尔卑斯杂志》（Alpine Journal）的编辑 H.B. 乔治（H.B.George）陪同摄影师欧内斯特·爱德华兹（Ernest Edwards，1837—1903）踏上阿尔卑斯探险之旅，乔治所要寻找的并不是温柔的美景，他需要的是宏伟的冰川及其周围的所有景物，尤其是可以支持廷德尔（Tyndall）教授的冰川运动理论的景象。[18] 他们带回的最终照片是爱德华兹对景物的喜爱，以及乔治对科学和探险的兴趣的结合品。乔治让爱德华兹近距离仔细辨别每张照片的不同，并要求他每一个镜头都保存至少三张不同尺寸的照片及至少四张底片，这一要求使他必须携带体积庞大的火棉胶摄影设备。乔治出版的摄影图书的扉页上使用的小插图"阴天下的顶峰"等一些照片反映了爱德华兹在捕捉优美景色时的细致和专注（图 45）。其他有关冰川冰碛和泥锥等的照片则不是为了展现风景，而是乔治捕捉的冰川运动的证据和冰川沉积的特征。在这类探险活动中，艺术与科学之间是互相渗透的，并处在不停变换之中。

欧洲探险家所拍摄的壮阔的高山全景图也反映了科学与艺术的融合。1859年，法国人艾梅·西维亚勒（Aimé Civiale）拍摄了41张雄伟的阿尔卑斯山全景图，从此开启了他长达10年的系统拍摄，用以研究阿尔卑斯山的地理地质状况。[19] 19世纪60年代和70年代，地理与美学融合在了卡尔顿·E.沃特金斯（Carleton E. Watkins）和埃德沃德·迈布里奇等美国研究型摄影师的作品中。此二人曾来到美国内华达山脉（Sierra Nevada）约塞米蒂国家公园（Yosemite）寻找壮阔的高山景色（下文将进一步介绍）。半个多世纪后，美国摄影师安塞尔·亚当斯（Ansel Adams，1902—1984）带领探险队深入内华达山脉拍摄了史上最为优美、逼

图 45
H.B. 乔治,1866 年《奥伯朗特山区及其冰川：带着冰镐与相机去探险拍摄》的扉页,欧内斯特·爱德华兹拍摄的"阴天下的顶峰"。

真的高山照片。与很多高山摄影师一样，亚当斯不仅攀登能力强，而且精通科学，对地质测量师和科学家的研究进展十分熟悉。在亚当斯的环保主义理论和他称为"自然画面"的审美表达中，科学与艺术是不可分割的两个方面。[20]

最伟大的高山摄影师之一、对亚当斯产生过极大影响的是意大利摄影师兼登山家维托里奥·塞拉（Vittorio Sella，1859—1943），他的作品代表着浪漫的壮丽美学摄影的发展。使用自己最喜爱的刀梅相机（Dallmeyer camera）和火棉胶摄影法，塞拉摄制了大量引人入胜的高山照片，展现出在雄壮险恶的环境中人类的渺小（图46）。他使用长焦镜头捕捉微小的细节和迷人的单峰景观。19世纪80年代早期，他开始在意大利阿尔卑斯山摄影，在之后的30年里他深入法国阿尔卑斯山、俄罗斯、阿拉斯加、中非和喜马拉雅山区，以照片的方式赞美了壮丽的高山景色，展现了高山探险的凶险。塞拉的作品得到了登山家、地理学家和摄影师的高度评价。20世纪20年代，当安塞尔·亚当斯在环保组织塞拉俱乐部（Sierra Club）第一次见到塞拉的作品时，就被其中展露出的对高山的敬畏之情深深吸引。

亚当斯还受到英国登山家的影响，比如《阿尔卑斯摄影的艺术与运动》（The Art and Sport of Alpine Photography，1927）的作者亚瑟·加德纳（Arthur Gardner），他认为高山摄影师同时也应该是一名攀登能手，他提倡摄影师拍摄全景的同时也应该记录单座山峰的景色。20世纪的高山摄影仍然既注重科学调查又注重美景捕捉，将精准勘测的目标与高山美景的欣赏相结合。例如，20世纪20年代英国的珠穆朗玛峰探险队利用摄影记录登山路线的同时也创作了壮丽的景观照片。1922年英国珠峰探险队的官方摄影师约翰·诺埃尔（John Noel，1890—1989）摄制的手

图 46
维托里奥·塞拉拍摄，"阿莱奇冰川中的 Mär-jelen 冰湖之上的冰洞"，1884 年 7 月 22 日，明胶银盐照片，29.6×39.7 厘米。

工上色照片运用了很多特殊的构图手段，尤其是通过长焦镜头的空间压缩捕捉喜马拉雅登山运动的雄伟效果。[21] 敬畏与冒险的精神同样体现在弗朗西斯·悉尼·斯迈思（Francis Sydney Smythe，1900—1949）的作品当中，他是一位成功的登山家兼摄影师，20世纪30年代曾参加过英国珠峰探险队的探险。斯迈思的照片重点集中在高山美景和英国征服者的勇气上。他有一双发现艺术的敏锐眼睛和对于高山景色的审美鉴赏能力，还出版了多部书，其中包括对登山家兼艺术家爱德华·温珀（Edward Whymper）的研究。他从协格尔宗山高处向下鸟瞰，拍下了这座高山投在低处平原上的阴影（图47）。这张照片的原版尺寸很小，说明是出于个人兴趣拍摄的，而不是为了公开展览或销售。不过斯迈思的摄影作品被发表在他出版的多本图书中，获得了很大的市场，比如《登山者的冒险》（*Adventures of a Mountaineer*，1940），一本讲述登山运动是发展和表达人的品性与精神的方式的书。斯迈思认为摄影是表达在身体与智力的联系中所发现的无限智慧的一种方式，他对这一理论的推广和他的泛神论倾向影响了许多后来的高山摄影师，其中最著名的就是安塞尔·亚当斯。

　　表现大自然的神圣虽然带有明显的基督教痕迹，但是在19世纪风景摄影师的作品中是一个十分重要的因素，比如19世纪60年代塞缪尔·伯恩拍摄的印度喜马拉雅山区的壮观景象。这一因素还影响了20世纪早期极地探险的摄影师，比如赫伯特·庞廷和弗兰克·赫尔利都用相机展现了赫尔利称之为"神圣的荒凉"的南极景观。[22] 在1914—1917年欧内斯特·沙克尔顿领导的充满波折却又名声显著的大英帝国横越南极远征中，赫尔利担任官方摄影师，他被不断变幻的极地冰盖所带来的无限美景深深迷醉："那里的冰石不断变幻、上下浮动，呈现出你能想象的所有奇幻状态，带给我无穷无尽的摄影主题。"[23] 在赫尔利的很多照片中，关键位置上都是探险队的轮船"持久号"（Endurance），这艘船在冰上撞毁，将船员滞留在一块漂浮在威德尔海（Weddell Sea）的浮冰上。这艘船给了赫尔利"方向和快乐，它为很多照片提供了视角和参照物……光秃秃的桅杆和深黑色的缆绳使它看起来萧索而冷酷。然而一夜大雪过后，枯瘦的船桅和绳索就变得银装素裹。"[24] 赫尔利在夜晚拍摄的"持久号"照片使用了镁光灯，以捕捉寒夜中凝结的冰晶覆盖在整个船身的样子，整艘船变成了冻僵的鬼魂，"在南极的浓重黑夜里，一只白色的幽灵船影影绰绰"（图48）。[25] 人们在第一眼看到这张照片时会觉得它不是真实的，或者觉得它像是一幅负像——一种

类似当时的超现实主义者所拍摄的"过度曝光"的照片。这张照片拍摄于1915年8月,此时这艘船已被困在浮冰中7个月,距离它被舍弃还有2个月。从照片中可以看出"持久号"的脆弱,它已经开始下沉,船尾没入了冰碴中。赫尔利讲述了当时船员们所处的悲壮绝境:"漫长的极夜中充斥着焦虑。冰块互相摩擦、轮船在挤压下吱嘎作响,在一阵阵

令人恐惧的声音中我们根本无法入睡。"[26] 对于像庞廷和赫尔利这样对丁尼生（Tennyson）的诗作十分熟悉的极地探险家和摄影师来说，南极是一处充满了危险的不毛之地，一片会让英国探险者在这里丧命或者精神崩溃的神圣景观，不过也正是在这一过程中，探险者自身也变得神圣起来。[27]

　　壮阔的景观激起人内心的一种情感，让人感觉辽阔高远的景象是无法用常规、客观的方法去捕捉的。其实，一些十分壮丽的景观也很难用相机去捕捉。1871年，在约翰·威斯利·鲍威尔（John Wesley Powell）领导的美国科罗拉多大峡谷探险中，美术家弗雷德里克·S.德伦博（Frederick S. Dellenbaugh）担任助理摄影师，他曾讲述

图 48
　弗兰克·赫尔利拍摄，极夜，"持久号"被困在浮冰中, 1915 年 8 月, 明胶银盐照片。

98

当时摄影师在拍摄中遇到的困难："对相机镜头来说整个视角比例太大了。靠近镜头的部分总是被放大，而距离远的景物则会缩小，最终拍出来的照片跟人眼在现场所看到的景色并不一致。"[28] 很多自然奇观都没有被摄影师真正拍下，视野的限制和险恶的环境都是拍摄过程中的阻碍。

瀑布因其四溅的水雾和奔突的湍流而尤为难拍。一些探险者会借助职业摄影师去捕捉大型瀑布的壮丽景观。地理学家及人类学家埃弗拉德·任·特恩（Everard im Thurn，1852—1932）自身就是一位痴迷的摄影师，但他还是与专业摄影师 C.F. 诺顿（C. F. Norton）合作，于 1878 年拍摄了英国波塔罗河（Potaro River）上的凯厄图尔瀑布（Kaieteur Falls）（图 49）。这张照片从远距离、高处的优势地位捕捉了庞大的瀑布。对于其他更早的探险者来说，瀑布就更难拍摄了。英国传教士探险家戴维·利文斯通于 1857 年"发现"（或者根据一名欧洲人的记录，最早来到这里）了维多利亚瀑布（Victoria Falls）后，曾有 7 支探险队前去拍摄，但均未成功。1859—1863 年间，詹姆斯·查普曼（James Chapman）曾深入非洲南部大部分地区探险，他写下了没能在 1860 年成功拍摄维多利亚瀑布的沮丧之情："我不遗余力地尝试，日复一日，但是我的付出始终没有回报。"[29] 虽然查普曼在几年后成功拍下了这座瀑布的照片并交给了位于伦敦的英国皇家地理学会，[30] 不过跟与他同行的探险家托马斯·贝恩斯（Thomas Baines）的油画和素描比起来，他的这张小而模糊的照片完全没有表现出这处自然奇观的壮阔和色彩斑斓（图 50）。摄影的尝试失败后，探险家转而依靠文字和素描来展现壮阔的景观。

对于探险者来说，拍摄起来很有挑战性的景观不只是瀑布。对于喜爱壮观景色的人来说，深远的海洋一直是一大诱惑，但是探险家很难用相机拍出它的广阔和多变。照

（对页）图 49
埃弗拉德·任·特恩、
C.F.诺顿拍摄，"凯厄图尔
瀑布，从圆形峡谷的另一
端拍摄。约 500 码(457 米)
远的距离。" 1878 年，蛋白
照片，24×19.1 厘米。

片一直没能完全展现海洋探险的神圣。或许唯一的例外就是1947年"康提基号"（Kon-Tiki）探险的照片。托尔·海尔达尔（Thor Heyerdahl，1914—2002）与5名同伴为了验证南美人曾成功横越太平洋的说法是否属实，乘坐仿古的波尔萨木筏"康提基号"，从秘鲁一直航行到南太平洋的图阿莫图岛（Tuamotu Islands）。这次探险的照片被收录在海尔达尔1950年出版的一本畅销书中，照片展现了船员在险恶的环境中挣扎求生的状态，并清楚地表现出木筏上简陋窄小的空间，可以看到它的底部几乎与海水平齐。一望无际的大海或者狂风暴雨的海面比不上船员们与各种海洋生物面对面、直面飞鱼和巨鲨所带来的震撼力大。 [31]

商业式的壮丽与科技下的神圣

　　壮丽神圣一直是多样的。早期英国极地探险队的摄影师专注于展现帝国的强大和抵抗冰雪荒原的勇气，他们的照片反映出的是大英帝国的"神圣"。半个世纪之前，美国西部宏伟的景观满足了当时大都市的人对壮丽神圣景色的要求——商业式的壮丽。19世纪，参与美国1867—1879年地理地质调查探险的摄影师深知自己的收益来自对科学的可靠记录，不过，仍有很多摄影师对托马斯·莫兰（Thomas Moran）和阿尔伯特·比尔史伯特（Albert Bierstadt）等美术家的作品十分熟悉，致力于追求摄影作品的艺术性，他们拍摄的美国西部壮丽神圣景色的照片同样大受欢迎。 [32] 很多早期的调查型摄影师对探险和旅行并不做客观直接的记录，而是不遗余力地创造景观，将自己的技术能力和身体忍耐力都发挥到极限。他们努力寻找适当的位置，使用刁钻的拍摄角度、小心地摆出各种姿势作为身后景观的比例标尺，目的是为了创造出能与精彩的探险文字和美国内战后社会的向西扩张相辅相成的画面。

图 50
詹姆斯·查普曼拍摄，
维多利亚瀑布，1863 年，
裱在卡纸上的蛋白照片，
10.6×10 厘米。

以蒂莫西·H.奥沙利文（Timothy H. O'Sullivan，1840—1882）为代表的少数研究型摄影师适应新环境，不再明显地依赖美术的审美，而用直接的手法表现拍摄的事物。[33] 不过大部分摄影师在拍摄自然美景和壮丽神圣景观时还是会借鉴经典的美术审美。例如卡尔顿·E.沃特金斯用一架特殊构造的45×55厘米相机捕捉美国西部的壮阔景观，1861年他雇了一队骡子驮着沉重的设备（每张玻璃干版底片重1.8千克）来到美国约塞米蒂谷（Yosemite Valley），用巨幅底片和立体镜头拍摄了一系列照片。1862年，这些照片在纽约古比尔（Goupil）画廊向世界展出，并为1864年对约塞米蒂谷的立法保护赢得了支持。1864和1865年，沃特金斯受邀在加利福尼亚州地质调查活动中摄影，拍摄结合了地质调查与壮丽景色的照片。沃特金斯从"灵感点"（图51）等峡谷边缘的角度，使用新型的广角镜头和高清底片捕捉约塞米蒂谷的宏大与壮丽。照片的左侧是峡谷的最高峰埃尔卡皮坦峰（El Capitan），中部是远处的新娘面纱瀑布（Bridalveil Fall）。如上文所说，以安塞尔·亚当斯为代表的很多20世纪的摄影师在环保组织塞拉俱乐部工作，他们在沃特金斯的作品中找到灵感，拍摄了自己的美国西部景观照，这些照片使这片地区变得神圣而富有灵魂。

除了约塞米蒂谷和黄石公园，沃特金斯还带着笨重的摄影设备深入加拿大和墨西哥寻找壮阔景色。他的很多风景照都透露着一种商业式、技术式的神圣，深深吸引着美国西部的居民、旅行者和探险者。[34] 铁路公司很快就发现了讨人喜欢的照片对投资和顾客的吸引。中央太平洋铁路公司（CPRR）的科利斯·P.亨廷顿（Collis P. Huntington）是沃特金斯的赞助人及一生的好友，他许诺沃特金斯可以免费乘车以宣传照片。1873年，沃特金斯获得了两辆

图 51

卡尔顿·E.沃特金斯
拍摄，从"灵感点"拍摄的
约塞米蒂谷，1865 年，蛋
白照片，40.6×54.6 厘米。

有轨电车，一辆用来运送他的摄影器材，一辆用来运送深入偏僻土地所需的牲口。随着铁路网的扩大，沃特金斯拍摄了很多铁路旅客眼中的开阔景色。例如，他1874年拍摄的中央太平洋铁路公司的火车绕过合恩角（Cape Horn）的大画幅照片展现了火车技术的纯熟，并告诉人们乘坐火车是观赏美丽风景的好方式（图52）。中央太平洋铁路公司的宣传照片中经常会出现合恩角，因为从这里既能看到美国的大峡谷又能看到下面的河流。火车走到这里会停下来，让乘客下车近距离欣赏美景。从沃特金斯这张照片的视线中看去，我们可以看到弯曲的铁轨和交错的电报线，看到远处的人在眺望谷底的河流，或者正在看着沃特金斯的相机镜头。几年后，在政府调查活动、商业摄影出版和

铁路公司市场机制的共同作用下，普通观众对美国西部的
景色已经十分熟悉，他们可以亲自去西部旅行，领略科技
下的神圣景观，也可以足不出户观赏西部景色。

　　科技下的神圣景观不只是不断发展的美国铁路公司资
助下的探险摄影师的杰作。科学组织也希望能够展现自己
在大自然中的技术能力。1916—1929年间，美国自然历史
博物馆组织了几次中亚细亚探险，在罗伊·查普曼·安德
鲁斯（Roy Chapman Andrews，1884—1960）的带领下，
探险队拍摄了很多类似为美国汽车生产商做广告的照片。
安德鲁斯是典型的美国探险家，是总部位于纽约的探险家
俱乐部的终生会员和1931—1934年该俱乐部的主席，撰写
了大量有关探险和自然历史的书籍。[35] 1922年和1925年

图52
　　卡尔顿·E. 沃特金斯
拍摄，　绕过合恩角，中央
太平洋铁路公司,1874年,
蛋白照片,40.6×54.6厘米。

他在戈壁沙漠的四次探险因发现了恐龙蛋化石而得到广泛关注，他在这几次探险中使用的是一队道奇（Dodge）汽车。探险中拍摄的很多照片都在展现他的汽车和科学型、技术型、机械型探险队员的智慧，他们对所要调查的地理、动物、植物和古文字等方面做出了很大的贡献。疑似是探险队的摄影师兼电影摄像师詹姆斯·B.沙克尔福德（James B. Shackelford，1886—1969）拍摄的一张庞大车队全景照展现出车队在贫瘠的沙漠中进发的情形（图53）。汽车显眼的位置插着美国国旗，很多国旗的一侧写着"横越亚洲探险队"的字样，其中一辆车的前部有一只老鹰标本。安德鲁斯戴着一顶带有商标的探险者帽子，显眼地坐在前面的车上。这张照片是19世纪70年代以威廉·H.杰克逊为代表的探险摄影师所展现的命定扩张论（图38）的再现，只不过骡子马匹换成了汽车，美国开拓者的探险地也从美国西部变成了中亚。军事领域的照片同样发挥了很大的作用。1916年美国军队在对墨西哥惩罚性的潘乔维拉远征（Pancho Villa Expedition）中使用了道奇兄弟（Dodge Brothers）汽车，使这一汽车品牌声名远扬。

随着探险活动对赞助的依赖日渐加深，壮丽的景观成了产品广告的常见背景。从道奇到路虎，汽车生产商一直是探险活动的主要赞助者，以便在壮丽景观为背景的探险照片中能够出现他们的汽车。例如1955—1958年，第一次途经南极点横跨南极洲的英联邦横越南极探险队（Commonwealth Trans-Antarctic Expedition，CTAE）乘坐的是四辆"雪猫"雪地汽车（Sno-Cats）和一队窄履带的"鼬鼠式运输车"（Weasels）。由俄勒冈州梅德福市（Medford）的塔克雪猫汽车公司（Tucker Sno-Cat Corporation）组装，英格兰裘园的克莱斯勒和道奇公司提供零件，雪猫雪地汽车为摄影提供了很大的方便，同时也为英国石油公

图 53

拍摄者不详，车队离开沙巴拉乌苏（Shabarakh Usu），1925 年，明胶银盐全景照片，14×70 厘米。美国自然历史博物馆组织的横越亚洲探险队。

司（BP）、柯达公司等合作赞助商做了宣传。乔治·洛（George Lowe）是探险队的摄影师，同时也负责拍摄视频，他通过特殊的拍摄角度展现出横越南极冰川裂缝的艰险与英勇，这是崇高科技下的又一种类型（图54）。照片中暗示的危险并不只是一种艺术手法，1959年，一支新西兰地质调查探险队驾驶"雪猫"雪地车掉入了罗斯冰架（Ross Ice Shelf）的裂缝中，司机丧生。英国探险队的领队维维安·福克斯（Vivian Fuchs）博士和新西兰罗斯海（Ross Sea）支援队的领队艾德蒙·希拉里爵士为了回收资金匆忙写就的探险说明中也大量插入了照片。[36]

随着航空技术的发展，胜地探险摄影有了很大进步，摄影师有了越来越多的方法来拍摄地球表面的景象。空中摄影与热气球和飞机技术共同发展，兴起了从空中拍摄、绘制地球图像的热潮。从19世纪60年代开始，法国科学作家和热气球驾驶员加斯东·蒂桑迪耶就把自己对摄影和驾驶热气球的热爱结合了起来，他认为航拍的全景照片大大有助于地理调查，甚至可以作为一种军事侦察手段。他和雅克·迪孔（Jacques Ducom）及保罗·纳达尔（Paul Nadar）在19世纪70、80年代合作拍摄的照片使用高光敏胶片

来减少曝光时间，得到了锐化的航拍图像。[37] 这些成就引起了英国摄影师的关注，比如蒂桑迪耶的翻译约翰·汤姆逊，虽然汤姆逊没有登上过热气球，但是他预测在未来地理学家、测量员和军方都会依赖热气球摄影来获得精确、有效的地形图。事实上，第一次世界大战之前，航空拍摄就已经被大量应用于军事侦察和绘制地图。[38]

除了用于观察大面积的路块外，航拍摄影师还可以获得鸟瞰的视角，将大片地区纳入取景框并根据下方的地形拍摄出抽象的地图（图55）。除了展示美丽壮观的景色外，航拍照片还可以揭露不为人知的秘密。20世纪20年代，英国军方拍摄的照片显示出在景色之外有过去人们居住的痕迹——汉普郡（Hampshire）的凯尔特人生活区和萨里（Surrey）的罗马营地。通过揭露各处景色中过去考古学家和地理学家没有发现的遗址和考古踪迹，航空摄影一时掀起一种全新的探险。1927年创刊的《古董》（Antiquity）杂志的创办者和编辑O.S.G.克劳福德（O.G.S.Crawford）等航空考古的先驱为20世纪中期对英国各处景观的考古探险染上一层新浪漫主义色彩。[39] 在对各种景观中的"遗迹"和"亡魂"的探索之上，考古幻想和摄影幻想形成了一

系列的共鸣。对于考古探险者来说，景观本身就像一张摄影胶片，上面有过去的影迹，可以拿来冲印观看。[40] 航拍视角也成了各个摄影探险项目的代名词，这些摄影探险把积累影像资料作为自身发展的内在逻辑。

作为探险航行中的经典，如画的美景和壮丽的景观正是人类邂逅自然世界的美学表达。探险不仅把摄影师带到了一个全新的环境中，也在考验他们能否用兼具艺术性与科学性的视角进行拍摄。由于文化、语言和群体的不同，如今的教育体系和专业化倾向已经将艺术与科学分为两个完全不同的领域。摄影一般是为了科学或者艺术的目的，但极少是出于两个方面共同的原因。然而在维多利亚时期的艺术中最有影响力的读本——约翰·拉斯金（John Ruskin，1843—1860）的《现代画家》（*Modern Painters*）中，以及在整个19世纪，观察科学与美景艺术是相互融合的。许多探险摄影师想要为科学做点贡献，但他们在拍摄时总会有意无意模仿美术家的作品，将如画的美景和壮阔的景观呈献给观众。即使在没有美术家在场的情况下，对新世界的探险活动也会拍出壮丽的美景照片。一些最为著名的探险景观照就是在科学项目的远距离太空观测中拍摄的，如1974—1975年间"水手10号"（Mariner 10）探测器拍摄的水星照片，2004年美国国家航空航天局发射的"卡西尼-惠更斯号"（Cassini-Huygens）太空飞船拍摄的土星的卫星和强大的大气风暴。

19世纪的探险活动中的景观摄影，不管是在本国还是在国外拍摄的，都是对帝国力量的表达，包括对看似空旷的殖民土地的调查、铁路、农业、矿产、殖民迁入等现代化的入侵。然而探险景观照片受到了广泛的欢迎。例如，19世纪70年代在旧金山有一部大型相片集，疑似出自摄影师埃德沃德·迈布里奇的妻子弗洛拉·迈布里奇（Flora

图 55
　　乔治·洛拍摄，"'玛加号'（Magga）轮船停靠在码头，沙克尔顿"，1955—1958 年英联邦横越南极探险，35 毫米黑白胶片拍摄的照片。

图 56

《勃兰登堡相片集》(*Brandenburg Album*)中的一页,
四张蛋白照片分别是(从上至下):埃德沃德·迈布里奇
拍摄,"沉思的岩石,冰川顶"(毛边立体照片);拍摄者
不详,一名演员的两张照片(左边和右边);埃德沃德·迈
布里奇拍摄,"冰川岩石,约塞米蒂谷"(毛边立体照片),
1867—1874 年。

111

Muybridge）之手，相片集中是迈布里奇西部探险的照片，还玩笑式地夹杂着一些戏剧演员的照片（图56）。弗洛拉是一个戏迷，当时刚刚嫁给总是不在家的迈布里奇。可以看出这本相片集是她精心制作的，为了与她独特的品位相匹配，她还修剪了一些照片。[41] 正如演员可以瞬间变成另一个人或者突然来到其他地方一样，照片也可以神奇地把观赏者带到一个新的世界，看到新鲜的事物（这大致是壮丽景观的最初概念）。[42] 在下一章中我们可以看到，探险者在新的土地上获得的神奇感觉还直接受到他们所接触的人类的影响。

第四章

邂逅与交流

专注于征服与发现的探险照片总是将当地原住民排除在取景框之外。西方帝国主义更喜欢看一片空旷的土地只有一两个人形作为景色比例参照物的照片。然而对于探险者来说，即使来到最遥远偏僻的地方，原住民也是无处不在的。居住在北极等荒芜之地的非欧洲人让开拓进取的帝国勇者"发现"和征服未知世界的故事变得复杂。人们对于北极的主要印象是空旷孤绝、荒无人烟，不过在北极探险的欧洲人却总是能遇到爱斯基摩人和因纽特人。这种邂逅成了欧洲科学与探险记录的一部分，也成了对因纽特文化的记忆。[1] 例如，罗尔德·阿蒙森在北极探险中就得到了因纽特人的极大帮助，他在探险记录里记下了他们的生活。在阿蒙森领导的1903—1907年西北航道探险（Northwest Passage Expedition）中，摄影师戈弗雷·汉森（Godfred Hansen）中尉在临时营房和"佳阿号"（Gjøa）探险船上拍下了"爱斯基摩部落"打猎的情景。[2] 在疑似阿蒙森拍摄的一张照片中，汉森正蒙着罩布拍摄一个他们唤作"托尼持"（Tonnich）的因纽特男孩，他们将这个男孩视为朋友并收为探险队的一员（图57）。

探险照片不应被视为勇者的作品或者对无限荒野的直

Farewell to Gjöahavn.

bad tinned meat, and was told to keep on till he came up with Lindström and Talurnakto. He took with him a long solemn letter to Lindström expressing deep anxiety as to the "great scientific expedition" he was leading,

LIEUTENANT HANSEN AS PHOTOGRAPHER.

and at the same time hoping that the relief expedition under Tonnich, the Eskimo, might find the two brave travellers alive, and rescue them before it was too late. When they returned on July 9th, they were received

89

图 57

拍摄者不详，"摄影师汉森中尉"，半色调照片复制品，出自罗尔德·阿蒙森的《西北航道》（The North West PAssage）；这是一本记录"佳阿号"轮船探险旅程的书，1903—1907 (1908) 年。

接记录，而是对各种邂逅与交流的复杂过程的一种表达。原因之一是任何类型的探险都是一个旅行和交涉的过程。启蒙运动以来，不断增加的欧洲旅行和探险的过程中包含着接触、交流和"文化交汇"等各个方面，这使欧洲人和非欧洲人跨越不同的"交流区域"走到了一起。[3] 有关欧洲探险者、商人、移居者与原住民之间的接触的研究显示，他们的交流总是不平等的，原住民的文化经常受到彻底的颠覆，但是双方物品、文化和知识的交换不仅改变了原住民的观念和身份，也同样改变了欧洲人。[4]

民族的邂逅

探险摄影并没有无视原住民的存在。事实上，探险摄影的一个长期存在的目的就是让西方观众与千里之外的居民面对面。正因如此，探险照片在西方的"他者"（otherness）和"异域"（exotic）等观念的形成中发挥了巨大作用。到了19世纪50年代，摄影成了探险的一部分，是对非欧洲的"民族学"的准确记录，而且总是通过一种"类型"的语言来实现。[5] 很多人认为随着"文明"的到来，原住民将面临彻底的改变甚至灭绝，因此在这些"种族"消失之前一定要记录下来，这就是很多民族学摄影的动机。[6] 因此很多摄影探险家认为自己有义务在消失之前"抢救"这片看得见的世界。例如，阿蒙森和汉森就是秉着抢救民族文化的精神拍摄了很多照片，虽然他们很享受给男孩"托尼持"洗澡，给他穿上挪威水手的衣服来使他"开化"，不过他们认为应该在"文明"毁灭性的影响下抢救"爱斯基摩文明"。

人们经常要求探险摄影师拍摄某个民族或者种族"类型"的照片，以作为这整个民族的代表。例如，在1858—1863年赞比西探险之初，戴维·利文斯通就要求摄影师——他的弟弟查尔斯"出于民族研究的目的……拍下不同部落的特征样本"。"不要选择最丑的"，他建议说，"要选择能代表整个种族的特征的比较上层的（像我们的社会一样）原住民。"[7] 根据骨相学、相面学、民族学和艺术学等多个领域的知识，人们得出通过人类身体可以解读人类特征的理论，欧洲探险家正是根据这一理论来拍摄照片的。[8]几乎同一时期，英国探险家詹姆斯·格兰特（James Grant，1827—1892）在与约翰·斯皮克（John Speke）一起踏上东非探险的旅程之初，就用立体相机拍摄了桑给巴尔岛的非洲部族（图58）。格兰特的照片最终收录在相片集里，照片上配有文字详细介绍片中人物的生理特征和衣着。他的这些模糊的照片需要文字说明来帮助观赏者理解，这也恰恰说明了照片作为民族学记录方式的局限性。格兰特很快抛弃相机拿起了写生簿，这样更加方便，而且还能得到彩色的图像。

虽然有很多技术上的困难，但是主要的探险活动还是将摄影作为民族学记录的工具。例如，由英国政府和皇家学会资助的1872—1876年皇家海军舰艇"挑战者号"探险中，对科学队长的要求如下："不管到哪里，都要抓住每一个拍摄当地种族的机会，确保能够有效观察到他们的身体特征、语言、习性、器具和古文明。"[9]然而，留下来

图 58

詹姆斯·奥古斯都·格兰特（James Augustus Grant）拍摄，"月亮之国（the Country of the Moon）的'Wanyamwezis'（即原住民）"，1860年，蛋白立体照片，1860—1863年皇家地理学会东非探险。

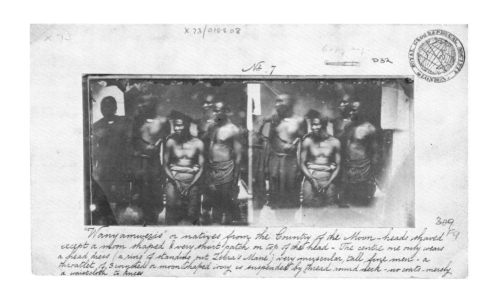

CAPTAIN THOMSON
WITH NATIVES, ADMIRALTY IS. 349. J.H.
COPY COPYT

图 59
　　J.H. 拍摄，"汤姆逊上尉与原住民在一起，阿德默勒尔蒂群岛"，1875 年，原玻璃干版底片的现代复印品，12.7×15.4 厘米。

的照片显示这些要求并没有得到持续、系统性的执行。有关原住民的照片多种多样、有不明身份的"原住民"在临时搭建的简陋背景前摆出的人体轮廓照，也有精心摆拍的个人照片。很多后者的照片，如日本男人女人的肖像照，可以在商业摄影工作室中购买。像小尺寸照"汤姆逊上尉与原住民在一起，阿德默勒尔蒂群岛（Admiralty Is）"（图 59）这样的照片则对比较测量法没有太大的帮助、它们更像是海军官兵的旅行照片或者纪念照，而不是民族学的记录资料。[10]

　　民族学照片的早期观赏者十分喜爱这种客观观察与生动描述的结合。印度医疗服务站成功的业余摄影师本杰明·辛普森在19世纪60年代对印度东北部的探索中进行了大量不同寻常的、敏感的民族学研究，并为此在1862年的伦敦国际展览会上赢得了金奖（图60）。辛普森的作品既有艺术性又包含民族学因素，他的正面照和侧面照以及身体测量法，包括他"最欢的僜人照片样本"都收录在爱德华·道尔顿（Edward Dalton）的《孟加拉的描述性民族学》（*Descriptive Ethnology of Bengal*，1872）中。[11]民族学的调查项目总是含有政治维度。后来辛普森的其中几项研究还登在《印度人民》（*The People of India*，1868—1875）上，这是一本有关民族与殖民监视的书，长达8卷，其中有大量配有文字说明的照片，向人们展示英国印度殖民区的不同族群的典型的生理和心理特点。[12]《印度人民》的特色是既收录职业摄影师的作品，也收录业余爱好者的照片。对于职业摄影师来说，民族学的照片成为一种越来越热门的商业产品。例如在印度，塞缪尔·伯恩及后来的约翰逊和霍夫曼在进行民族学研究时，总是能在次大陆不断发展的摄影探险中既发现优美的景色，又看到各个印度社会族群的不同（图61）。由于迎合了殖民者、旅行者甚至政府机构的要求，这类照片经常能被出版成个人相片集或者成为机构收藏。

　　一些政府资助的探险会拍出混合了科学与浪漫主义的人类学照片。例如约翰·K. 希勒（John K. Hillers，1843—1925）在1879年美国地质调查探险中拍摄的精心布置的霍皮人照片，他将"有特色的民族学细节"的科学要求与照片的艺术习俗相结合，想要拍出既浪漫又伟大的霍皮人照片。[13]这种民族学的浪漫主义在摄影师及探险家爱德华·柯蒂斯（Edward Curtis，1868—1962）那里得到综合性的发展，他为自己的巨作《北美印第安人》（*The North American Indian*）拍摄了4万张底片，这部书于1907—1930年间出版，有20卷之多，其中包含了大量插图和文字说

　　明。虽然对北美原住民的遭遇表示同情，但是在柯蒂斯的
凹版相片和文字中，插入了很多这个他认为"正在消亡的民
族"的十分浪漫、美化了的照片，拍照时他重新上演了一些
仪式庆典，借用了伪造的服装，还移除了那些他认为不真
实的痕迹。[14]

　　很多民族学照片根本不是在实地探险中拍摄的，而是
在摄影棚。例如，1883年为地理学家兼民族学家罗兰·波
拿巴王子（Prince Roland Bonaparte，1858—1924）拍摄

图 61
　　约翰逊和霍夫曼拍摄，"17 号，两个部落的喇嘛"，
1894 年，蛋白照片。

的"奥马哈族印第安人"的集体照和单人照看似是波拿巴在一次探险中拍摄的（图62），其实是在巴黎的季节公园（Jardin d'Acclimatation）所拍，这名"奥马哈人"是那段时间众多民族学展品之一。[15] 这类照片属于19世纪60年代开始的"印第安类型"的照片流派，这些业余或者专业的摄影师希望他们的照片具有人类学相关性，并反映出在美国白人剧烈的殖民迁入和文明开化下原住民印第安这种"高

贵的野蛮人"正在消失的观点。而在法国表演的"厨师迪尔"（Chef Dur）等美国原住民，他们利用手中的道具摆出各种姿势来扮演杰出的勇士，但是他们对于自己应该怎样演出、他们的照片应如何传播并没有发言权。虽然有服装和道具，但是刻意的空白背景使这类照片死气沉沉。

许多商业摄影师利用人们对异域景观和航海发现的喜爱，在自己的工作室里建造了探险现场。在德国出生的摄影师约翰内斯·林特（Johannes Lindt，1845—1926）在19世纪70年代的澳大利亚因拍摄克拉伦斯河（Clarence River）地区的原住民而名声显赫，他在摄影棚里精心布置了植被、手工艺品、填充袋鼠和手绘的风景。这种布置好的"即将消失的野蛮人"的场面迎合了原住民是"正在消亡的种族"的美丽遗迹的当代理论，并证明了它的经久不衰。[16] 这类摄影棚摄影也可以应用到探险现场摄影中。1885年，林特参加了由高级专员皮特·思克拉钱雷（Peter Scratchley）带领的英国新几内亚探险，图片和细腻的探险文字相结合的《风景如画的新几内亚》（*Picturesque New Guinea*，1887）收录了一张优美而广受欢迎的照片，展现"神秘的巴布亚海岸和野蛮的原住民"。[17] 林特的想象地理学表示，户外摄影不必再比摄影棚的人像摄影更加精确了。他利用压力强迫或者使用物质诱惑当地居民为他摆出各种拍照姿势，大多是以优美的自然景色为背景（图63），目的是为了创造出一种照片效果，让观赏者产生殖民主义观念，认为这些人是"野蛮人"，他们不如那里的殖民统治者进化得高级。

到1900年，民族学摄影已被人们熟知，它本身也成了探险摄影的一大主题。在探险者与原住民的邂逅中，拍摄这类照片成了必不可少的一个环节，在这一过程中，摄影器材被视为西方科技与文化优越性的象征，给当地居民

既带来惊喜，又带来压制。例如，殖民探险家、博物学家哈利·汉密尔顿·约翰斯顿（Harry Hamilton Johnston，1858—1927）在19世纪90年代担任英属中非专员时，广泛利用摄影作为科学研究和促进英国殖民扩张的手段。[18] 在1899—1901年担任乌干达保护区特别专员时，约翰斯顿与动物标本制作师、摄影师 W. G. 道根（W.G.Doggett）密切合作，为大英博物馆寻找并收集动物学、地质学、植物学样本和民族学对象。[19] 他们利用摄影将不同的种族族群分在不同的地理框架和进化框架中。在约翰斯顿的一张照片中，道根根据人类学摄影的规范，正在用卡尺测量一个人的头部，照片中是"典型的"侧面照，但不同寻常的是，照片同时拍下了在测量过程中的欧洲探险者的身影（图64）。如果这张照片展现了殖民人类学家的超级优越性，那么它也同样显示出原住民的服从程度的重要性。约翰斯顿深知这一点，他在1893年英国皇家地理学会有名的《游客提示》中写道，他鼓励人们在人类学探险中摄影，但是也提醒人们"必须让当地居民慢慢接受这一切，绝不能唐突"。[20]

探险照片还记录下了另外一种殖民邂逅的瞬间，在这种情况下，摄影的主要目的不是出于民族学，而是为了记录某一事件。例如，探矿者欧内斯特·盖治（Ernest Gedge，1862—1935）在19世纪80年代不列颠东非公司（Imperial British East Africa Company）组织的探险中拍摄了很多有关竖立国旗和签订合约的照片，从中可以清楚地看到所立合约的不公平本质。在一张照片中，英国探险家和一名基库尤（Kikuyu）酋长手中拿着合约文件，而这名酋长明显完全无法理解文件中的政治含义（图65）。从非正式性的场景布置和后面探险家的晾衣绳可以看出，这不是一次隆重的仪式，只是一次务实的殖民勘探行动。

（对页）图64
哈利·汉密尔顿·约翰斯顿拍摄，"博物学家道根先生，特别专员手下的工作人员，正在测量一名姆安巴黑人（Muamba Negro）"，1900 年，明胶银盐照片。

类似的，澳大利亚探矿者及探险家迈克尔·詹姆斯·莱希（Michael James Leahy，1901—1979）为了更好地宣传自己20世纪30年代在新几内亚殖民探险的系列出版物，专门学习了摄影和新闻的课程。[21] 新几内亚高地是最后仅存的尚未经过商业开发和殖民迁入的"空白地区"之一，在喜欢"未被发现"的山谷照片和"充满敌意的原住民"照片的观众当中，莱希在新几内亚高地探险的照片和电影让他毁誉参半。他通过照片迎合众人的口味，并把自己打造成一名无畏的探险家，专门研究原住民的"野蛮"生活方式，以及原住民对探险者的侵入不加选择的敌意、对于白人的高水平科技——从飞机（借助飞机观察大片的土地）到留声机的反应（图66）。[22]

当然，在大英帝国时期的欧洲探险大多是准军事行

图 65
欧内斯特·盖治拍摄，"在基库尤签订合约"，1889 年 8 月 11 日，蛋白照片，展示了 F.J. 杰克逊、麦金纳博士和詹姆斯·马丁与 Kamiri 酋长正在签订合约文件。

动。其中一些是全面的军事入侵，像1903—1904年荣赫鹏（Younghusband）对中国西藏的"探险"。这次"探险"源于英国对俄国在中国西藏和英属印度意图的误解，标志着英国和俄国在亚洲地区长达一个世纪的"大博弈"的结束。很多英国士兵出于军队要求和个人目的都携带着照相机，C.G.罗林（C.G.Rawling）上尉拍摄的小尺寸业余作品（图67）等很多照片都拍下了探险队的军事力量和双方的恶战。[23] 在媒体的大肆宣传下，这次探险的领队荣赫鹏在英国爱德华国王时代成了家喻户晓的人物，并勾起西方人对西藏长久的向往。

阴影下的人物

虽然具有神秘的智慧和独立性，探险家在野外却经常需要依靠非欧洲人的技能、知识和劳力。不与原住民进行复杂而长久的交流，大型的探险根本无法完成。然而很多描述探险活动的文字只关注主角，忽视那些探险队所倚仗的大量配角，他们有导游、搬运工，还有翻译和当地官员。[24] 这源于对非白种人探险者的偏见，认为他们并不可靠，这种观念一直到20世纪末都根深蒂固。例如在皮里和库克谁先登上南极点的争论中，批评家就指出没有能够提供可靠证明的白人作为见证。[25] 也有个别原住民对探险的贡献在当代的记录资料里得到承认和赞扬。印度学者和旅行家萨拉特·钱德拉·达斯（Sarat Chandra Das，1849—1917）在西藏中部进行过大量调查，1881—1882年间抵达拉萨，由于他杰出的地理研究和著作，被授予了印度帝国勋章（CIE）和1887年英国皇家地理学会的"回归奖金"（Back Premium）。不过像这样的人物一般属于例外，非欧洲人探险队的故事和原住民对西方探险所做的贡献有待人们的进一步发现。

一些正式的照片非常与众不同，它们会展示出人们对于探险所不熟知的那一面，包括在报道中总是被漏掉的那些探险队中的人物。例如R.艾伦和森斯（R. Allen & Sons）在戴维·利文斯通博士的最后一次探险中所拍摄的一张多

图 67
C.G. 罗林拍摄，"身份不明的士兵和僧侣，荣赫鹏西藏探险"，1903—1904年，蛋白照片，8.9×12.2厘米。

图68

R.艾伦和森斯（诺丁汉）拍摄，1874年，蛋白照片，集体肖像照。从左侧起：艾格尼丝·利文斯通（Agnes Livingstone）、汤姆·利文斯通（Tom Livingstone）、阿卜杜拉·苏西、詹姆斯·朱玛和霍勒斯·沃勒，他们与利文斯通博士的相关旅行文件合影。

人肖像照（图68）就与很多传统的探险照片大不相同。在传统的探险照片中，非洲人或者从来不露脸，或者扮演搬运工、导游等服务性的角色。但在这张照片中，戴维·利文斯通的非洲同伴、陪他的遗体回到英国的詹姆斯·朱玛（James Chuma）和阿卜杜拉·苏西（Abdullah Susi）却站在人群的中间位置。霍勒斯·沃勒（Horace Waller）牧师坐在地上祈求一般的姿势，则暗示了他为帮助这两位非洲同伴所付出的努力，在他的帮助下，这两名非洲人因对首领的忠心和对探险活动做出的贡献而得到了国家的认可。当英国皇家地理学会授予朱玛和苏西奖章时，沃勒记录下了这个他们献给利文斯通的地理学界重大消息。这张照片的另一个奇特之处是中心人物的缺席，它的真正主题是戴维·利文斯通，照片中的每一个人都触摸着他手写的日记和计划安排，还有他手绘的地图，地上是一张狮皮，戴维·利文斯通以这样的方式存在着。这种故意凸显非洲人，且他们跟白人地位相同的照片在当时很不寻常。

非欧洲人或者不出现，或者出现在探险文章的边缘、探险照片的角落，这在当时十分正常。有时候照片中任何人都不会有。例如，摄影—地形研究中依赖当地的导游指路、需要当地人帮忙搬运沉重的设备，拍出的照片中却少有人类的身影。亚历山大（或桑迪）·渥拉斯顿（Alexander or Sandy Wollaston，1875—1930）参加了1921年的珠峰考察探险，作为探险队中的医生、鸟类学家和植物学家，他能够在创纪录的海拔6820米（22375英尺）处拍摄照片，完全依靠帮助他搬运刀梅相机和沉重玻璃干版底片的当地搬运工，然而这些搬运工却没有出现在他的照片中。与此类似，同一场探险中的奥利弗·惠勒少校利用摄影—地形调查工具系统地绘制了珠峰地区的地图，他主要依靠两名当地居民的帮助，这两人出现在渥拉斯顿的一张照片中，不过都没具姓名（图69）。从这个角度来看，很多探险照片其实是邂逅与交流过程中的产物。

随着时间的推移，很多探险家开始赞美那些为他们做向导、翻译、搬运行李的原住民，不过这些细节在最终畅销的文学作品中常常被遗漏。在征服珠峰的故事中，以翻译卡玛·保罗（Karma Paul）和登山家丹增·诺盖为代表的一部分夏尔巴人得到了认可。然而，不管是过去还是当前，给予各个喜马拉雅山探险队巨大帮助的大量夏尔巴人却在官方记录中无迹可寻。原因并不是他们没有照片留存。事实上，20世纪20、30年代英国珠峰探险队的成员使用了更加轻便、多功能的设备，记录了探险中有关西藏的很多基本事物。例如，1921年英国珠峰探险中，渥拉斯顿

拍摄了藏族翻译盖增·卡奇（Gyalzen Kazi）和赤坦·汪迪（Chittan Wangdi），他们在探险队与藏族人的谈判中扮演了重要的角色。摄影成了珠峰探险队管理机构的一部分，1936年珠峰探险中的每个夏尔巴人都带着身份牌用标准的姿势拍了一张照片。这些照片最终以相片集的形式被收藏起来。照片曾经是人力资源官僚式管理的一部分，现在成了某个特殊事件的珍贵记录。[26] 到20世纪50年代，珠峰探险队的摄影师和摄像师已经习惯了把夏尔巴人当作整个探险队的一分子来拍摄。例如，在乔治·洛的一张罕见照片中，首席摄像师汤姆·斯托巴特（Tom Stobart，正在站着调整摄像机）和摄影师阿尔弗雷德·格雷戈里（Alfred Gregory，正坐在照相机前写字）正在准备为一群征服了高海拔的夏尔巴人录影、拍照（图70）。这张照片既表现了这样一个大型探险队的混乱和组织上的复杂，也展现了夏尔巴人在整个探险队中的中心地位。[27]

在19世纪，探险摄影师尤其需要依靠当地的翻译、向导和帮助他们带着笨重的设备穿过陌生土地的搬运工。一些摄影师会抓拍匆忙前行的旅行团队，其中一个例子就是伊莎贝拉·璐西·博儿（毕晓普）[Isabella Lucy Bird (Bishop)，1831—1904)]。她著名的旅行类插图书由享有盛名的爱丁堡探险故事出版商约翰·默里（John Murray）公司出版。[28] 毕晓普在19世纪90年代游历中国期间，对于旅行者和商人的旅行状况非常感兴趣，她在河上旅行时拍下了船上的船员（图71）和拿着她的行李的"苦力"，甚至还拍了她的一名搬运工——他前额上绑着她的手帕，毕晓普说他生了一场大病后被同伴残忍地抛弃。[29] 作为一名女性，毕晓普开天辟地地成了一名公认的探险家，也是被英国皇家地理学会所接受的第一位女性。这件事情具有重大的意义，因为一直以来人们就根深蒂固地认

图70

乔治·洛拍摄，"准备为征服了高海拔的夏尔巴人拍摄"，1953年5月30日，35毫米彩色正片拍摄的照片。

图 71

伊莎贝拉·璐西·博儿（毕晓普）拍摄，"毕晓普女士所乘的船的全部船员在吃晚饭"，中国福建，1895 年，蛋白照片。

为探险是男性项目。当女性进入这个领域，并通过旅程中的无畏精神和各种著作及照片证明了自己后，她们通常只是被认定为"旅行者"或者"旅游者"，而不是理所应当的"探险家"。像伦敦的英国皇家地理学会等以发现未知世界的探险为目的的机构，总是将探险家的理想人选认定为中上层社会的白人男性。[30]

一名女性孤身一人在一群雇用的向导和搬运工中间，这种不同寻常的身份让女性探险家拍出的照片与男性探险家有很大的不同。例如，弗雷亚·斯塔克（Freya Stark，1893—1993）就为如何拍摄人的自然生活状态做出了特殊的贡献。她有时会将自己的徕卡相机放在三脚架上，在远处用一根绳子拉动快门拍照，她对所遇到的人都十分敏感，并批评同行喜欢拍"快照"的欧洲旅行者，认为他们根本没有注意到周围"活生生的人正在想什么"。[31] 斯塔克很擅长近距离拍摄某人，同时又让他在相机面前十分放松。她在"Shuturkhon"（今天的伊朗）时拍摄了两名女性，展示她们的衣服和用来背孩子的棉格子布，这样背着孩子"就像蜗牛背着房子到处走"。（图72）[32] 地上摄影师和旁观者的影子说明这张照片是在偶然的情况下匆忙拍摄的，女人脸上愉悦的表情则证明她并不介意成为斯塔克好奇心的对象和镜头中的人物。

女性探险摄影师总是能获得接近原住民的特殊方法。例如，杰拉尔丁·穆迪（Geraldine Moodie，1854—1945）曾带着相机深入加拿大西部省份，并在20世纪早期拍摄了一系列引人注目的原住民照片，甚至包括北极东部和哈德逊湾（Hudson Bay）地区的因纽特人。1910—1916年间，弗朗西丝·哈伯德·费海提（Frances Hubbard Fla-herty，1886—1972）和丈夫——电影制作人罗伯特·费海提（Robert Flaherty）在加拿大北方铁路（Canadian Northern Railroad）的董事长威廉·麦肯齐（William Mac-kenzie）资助下展开了多次探险，追寻因纽特人的踪迹，她拍摄了加拿大工薪阶层和因纽特人的很多照片。[33] 穆迪和费海提通常是和自己的丈夫或者其他西方人一起旅行，而格特鲁德·贝尔（Gertrude Bell，1868—1926）则不同，她在第一次世界大战前的10年间游历了中东的大片地区，她不仅是卓越的语言学家、考古学家和作家，还是一名多产的摄影师。她穿插在自己的演讲和著作中的照片拍摄的都是地形、建筑和考古的内容。[34] 她孤身一人随着一支小骆驼队深入遥远的土地，每日在帆布棚下吃饭休息，这样的经历给了她接触不被人所知种族的特殊机会。她用相机记录下了自己与酋长们和其他各种人在当地的"majlis"（即"会室"）会面的场景。1914年年初，她在沙特阿拉伯探险时拍摄了一张"Tor al Tubaiq"[今天的图拜克

（对页）图72
弗雷亚·斯塔克拍摄，
"'Shuturkhon'的女人"，
1930年，明胶银盐照片。

134

山（Tubayq，At）]穆罕默德阿布塔伊（Muhammad Abu Tayyi）的一群女人和孩子在帐篷中的照片，这张照片充分显示出贝尔在拍摄当地人时的自信，这些人之前很可能从没有遇到过只身一人的欧洲女性，更别说她还举着照相机了（图73）。贝尔或跪或坐在沙地上，把相机举到跟这群女人和孩子平齐的高度，一名站立在左侧的阿拉伯男性没有全部入镜，所以我们只能看到他的下半身。照片的标题说明这些女人是一名伊斯兰教徒的妻妾——这是西方人对"东方"长期以来的一个好奇元素，照片既展现了女性团体又暗示了男性权威，这名男性的出现和他腰上的子弹可以说明这一点。其实这名男性叫穆罕默德·阿尔马拉威（Muhammad al Ma'rawi），他曾经是骆驼商，现在是贝尔老练的向导和在沙漠探险中的同伴。为了安全地完成前无古人的探险，贝尔的探险队中雇用了至少6个人，有赶

136

骆驼的，也有厨师和煮咖啡的。不过贝尔最依赖的还是穆罕默德·阿尔马拉威，他有丰富的沙漠生活经验和常识，熟悉地形，对喂养和赶骆驼也十分精通。

探险者偶尔会拜托向导或翻译帮他们拍照。例如伯特伦·托马斯（Bertram Thomas，1892—1950）1928年探险时就让探险队的同伴拍下他和阿拉伯东南部的一群沙哈里（Shahari）部落男子在一起的照片，在这次探险中他还拍摄了很多风景照和人类学照片（图74）。[35] 第一次世界大战期间与格特鲁德·贝尔一起在美索不达米亚完成政治任务后，托马斯为马斯喀特（Muscat）的苏丹（某些伊斯兰国家统治者的称号——中译者注）工作，他在20世纪20年代进行了多次阿拉伯探险，最终成为穿越阿拉伯南部的"空白之地"——鲁卜哈利沙漠（Rub'al Khali）的第一位欧洲人。[36] 这张照片的拍摄者不详，不过从偏离中心的构图可以看出他对相机很陌生，可能是托马斯的秘书阿里·穆

罕默德（Ali Muhammad）、他的仆从或者是他三名向导中的一员。托马斯在人群的最中间摆出自信的姿势，作为探险队的首领看上去十分出众。同时他穿戴着阿拉伯的服装和头巾，不再抽烟喝酒，还学习了沙哈里语言，为了适应当时的地理文化环境，托马斯可谓改头换面。

　　这种欧洲人与阿拉伯人具有转变性的邂逅还可以在威福瑞·塞西格（Wilfred Thesiger，1910—2003）的照片中看到。他凭借《阿拉伯沙地》（*Arabian Sands*，1959）和《沼地阿拉伯人》（*The Marsh Arabs*，1964）等著作成为20世纪最伟大的探险家之一。塞西格在亲身游历之后写下了那些著作，用无数张照片作为自己叙述的指南。[37] 与伯特伦·托马斯一样，塞西格也穿上了阿拉伯服装，并雇用了一队向导和仆从。虽然在他的文学作品中，他把大部分探险成就都归功于自己，但他确实会偶尔把自己的徕卡相机交给其他队员拍照（图75）。这张照片由塞西格的一名同伴于1947年在阿曼（Oman）拍摄，照片中从左至右依次是：马卡特·宾·阿卜安（Mabkhaut bin Arb'ain）、

图 75
　　拍摄者不详，"威福瑞·塞西格与同伴"，1947年，35 毫米黑白胶片拍摄的照片。

图 76

弗雷亚·斯塔克拍摄，
"在 'Wadi Du'an' 的旅者"，
1933—1935 年，明胶银盐
照片。

穆斯林·宾·塔菲（Musallim bin Tafl）、塞西格、穆罕默德·阿尔·奥夫（Mohammed al Auf）和萨利姆·宾·卡毕那（Salim bin Kabina）。塞西格穿着贝多因服装，留着胡须，既没穿鞋也没戴腕表。但是他在人群中的中间位置是十分确定的。这张照片是在他第一次穿越"空白之地"后返回塞拉莱（Salalah）的路上拍摄的，既是对这次成功探险的纪念，也代表塞西格在这个充满敌意的环境中，对这群可靠、友善的贝多因人的认同。他的著作《阿拉伯沙地》就是献给卡毕那和哈拜沙（Ghabaisha）的，他与此二人建立了深厚的友情，拍摄了很多有关他们的照片。塞西格在摄影时受到弗雷亚·斯塔克的书《哈德毛拉之所见》（Seen in the Hadhramaut，1938）的启发，这本书是朋友送他的一份礼物，书中穿插着斯塔克拍摄的风景、建筑和人的黑白照片。虽然塞西格后来称自己从来没有拍摄过欧洲人的说法很牵强，但也可以说明他的重点是放在原住民部落上的，他与他们相识相知、共同旅行，他们独特的生活方式给了塞西格远离现代社会残酷现实的自由感。

即使在探险者不把照相机完全交给旅伴的时候，很多照片也是在他们的协助下完成的。1933—1935年，弗雷亚·斯塔克展开一场从亚丁到阿拉伯的旅行，当来到"Wadi Du'an"（现在的也门，图76）时她得了重病，不得不在英国皇家空军（RAF）的帮助下撤离。她当时的照片都是在向导的协助下完成的，其中有很多是在她的驴子上拍的。她在著作中啧啧称赞自己的旅伴，她写道："他们随时都可以让驴子停下等我拍照，并且不会抓着驴子的鼻子妨碍它呼吸，因为这样在我拍照时它就会左右晃动。"在斯塔克有些照片的下方甚至可以看到驴子的耳尖。[38] 这类照片应属于合作完成的作品，在完成照片的过程中其他人和动物与负责按下快门的摄影师起到了同等重要的作用。

不断变换的主题

照片可以展现不同人的不期而遇。莫里斯·比达尔·波特曼（Maurice Vidal Portman，1861—1936）在1879—1899年间英属印度政府组织的安达曼群岛（Andaman Islands）探险中担任"负责原住民事务的长官"一职，他在这里遇到了很多原住民。[39] 怀着安达曼人终将消失的观点，波特曼在19世纪80年代为大英博物馆进行了一系列复杂的安达曼人研究，最终的报告洋洋洒洒有11卷之多，包含很多细节性的记录、照片和统计资料。欧洲人类学家认为安达曼岛民代表着"人类发展的孩童时期"，波特曼根据当代的研究指南形成了一套数据，包括男性、女性、小孩在帆布方格测量幕前的照片，以及从肤色、耳长到心率等方方面面的测量值。[40] 在一张比较私人的照片中，波特曼在一群岛民的最中间位置，斜倚在地上（图77）。波特曼认为自己是安达曼人的朋友，他否认他们是食人族的说法，并为他们在与外来者的接触中受到伤害甚至灭绝感到遗憾。与E.H.曼（E.H.Man）等当代人类学家不同，拍照时波特曼没有以慈父般保护性的姿势站在他们中间，而是躺在他们脚边。[41] 波特曼将这张照片仔细修整一番并标注上每个人的姓名之后，于1888年提交给了英国皇家地理学会。与其说这是一份人体测量的记录资料，不如说是他作为一名充满信任的探险家的纪念。为了说明探险者与原住民之间的互相尊重，波特曼向人类学权威机构提交了多份声明。几年后他在一篇关于摄影的文章中向人类学家建议道："当询问者把自己放在与野蛮人同等的地位之上时，这些野蛮人回答起来会直率得多，也就是说，

图 77
　莫里斯·比达尔·波特曼拍摄，"一群南部、中部安达曼人"，1887 年，修过的蛋白照片。

如果他们坐在地上，你也要坐在地上。"[42] 虽然波特曼也把安达曼人视为"高贵的野蛮人"的一种，但他做了注释的这张照片证明他不单把与他们的邂逅视为编目种族"类型"的一种方式，也看作是与一群生活方式完全不同但并不比他自己低等的人的交流。

相比"正在消失的种族"的外貌，人类学家对他们的生活文化变得更加感兴趣，他们开始抛弃"种族类型"这个绝对的摄影语言。地理学家和人类学家埃弗拉德·任·特恩（Everard im Thurn，1852—1932）曾批评"人体测量学家的纯生理方面的照片""不过是毫无生气的尸体照"，并把这种"没有代表性的悲惨居民"的照片比作"填充手法拙劣而失真的动物玩偶"。[43] 特恩追求的是在更加自然的环境中拍摄当地的文化族群，摒弃摄影师通常追求的测量和构成。特恩在英属圭亚那旅行时拍摄的印第安人照片证明了他的这种观点，并展现了当地的男人、女人和小孩放松的态度，以及进行日常交易时的状态（图78）。一旦探险家开始质疑通过人类学观察所得出的真理时，摄影本身用来挑战、验证西方白人身份的潜力就会开始发挥作用。

探险活动将人类带离自己所熟悉的安全环境，进入一个全新的世界，这个新世界中不仅有科学信息，还有小说般的神奇梦幻。人们在这里发现新的土地、人，甚至是新的自己。20世纪早期，民族学探险在探究了本民族和异域民族之后，形成了超现实主义等艺术运动趋势。像乔治·巴塔耶（Georges Bataille）主编的插图书籍《文档》（Documents，1929—1930）等一系列超现实民族学出版物，在符号性的拼贴画中并列摆上照片、文字、物体和标签，用以质疑文化和文明的传统层次分类。有时，一些探险家会具体体现出这类共同的问题。法国超现实主义者米歇尔·莱里斯（Michel Leiris）放弃了艺术运动开始研究民

（对页）图78
埃弗拉德·任·特恩拍摄，"圭亚那真正的加勒比印第安人"，1890 年，蛋白照片。

族学，并成为达喀尔-吉布提任务（Dakar-Djibouti）的成员，这次任务是1931—1933年由法国民族学家马塞尔·格里奥尔（Marcel Griaule）领导的法国对西非的考察，主要目标是非洲的手工艺品，探险队穿越这片法国的殖民地，为法国收藏界带回（通过收集和抢劫）了成千上万的文化物品、科学样本和照片（图79）。莱里斯一直没有忽视民族学考察与殖民武力的结合（在这里照片也是殖民"赃物"的一种形式）对民族学家的地位和观察准确度的影响，他和一名同事在马里的塞古区（Segou region）泥石砌成的壁龛中查看祭祀所用动物的骨骼就是一个证明。莱里斯出版的有关这次探险的名作《非洲幽灵》（*L'Afrique Fantôme*，巴黎，1931）包含了信件、评论、观察、图片和引述等各种形式的解说，用来瓦解真实与虚幻、主观与客观、过去与现在的传统分界。在超现实主义文学杂志《牛头人》（*Minotaure*，1933）第2期上发表的达喀尔-吉布提任务报告中可以看到极其类似的观点。1938年，照片被巴黎新的人类学博物馆收藏（每张都标有标签、数字编号和密码），根据自由、人道的法国民族学的构想，照片成为向公众普及人类种族知识的一种方法。[44]

由于西方观众对非西方人的好奇和兴趣，出现了很多不同种类的摄影。有关人类主题的探险照片与商业摄影棚或者成群结队的游客拍出来的照片并无二致，因为这些照片都是为了西方观众拍摄的，而不是为了照片中的人。今天，摄影师的杰作已经超越了西方人对"他者"的幻想，并表现出对这种幻想的批评。苏珊·梅塞拉斯（Susan Meiselas）通过摄影去探寻西方人与西巴布亚高地的原住民丹尼人的关系。从1938年美国自然历史博物馆派理查德·阿奇博尔德（Richard Archbold）进行多次探险（当时"隐藏的"巴列姆山谷和那里的"原始"居民还是荷属新几内亚的一部分），到21世纪早期印尼政府和巴布亚的民族主义之间的冲突，这段关系经历了60多年。[45]

今天的新型探险正在进行一项"照片回国"（visual repatriation）计划，把西方博物馆中的历史探险照片带回它们的拍摄地。人类学家克里斯·巴拉德（Chris Ballard）记录下了现代的巴布亚社会对过去西方探险活动的记忆，像1909—1914年英国探险队在荷属新几内亚的探险和1936年荷兰人安东·科莱恩（Anton Colijn，1894—1945）在查亚峰（Carstensz Peaks）的探险。这些探险活动对瓦谷（Wa valley）和青噶山谷（Tsinga valley）的阿蒙梅部族（Amungme community）带来了巨大的影响。天主教传教士开始来到这里，1962年荷属新几内亚人向印度尼西亚的大迁徙之后，大批国际勘探队来到这里开采金矿和铜矿，最著名的就是科莱恩带领的开矿活动。与很多阿蒙梅族人的最初设想不同，这些充满智慧的欧洲人不是来将他们带入天堂，而是造成了大范围的环境变迁，阿蒙

图 79
　　米歇尔·莱里斯拍摄，"'科诺'壁格和壁龛"，马里国布拉市，1931 年 9 月 6 日，装裱在卡纸上的明胶银盐照片（12.5×13.2 厘米）。

梅族人在自己的土地上成了边缘化的角色。1997年，克里斯·巴拉德在进行户外人类学调查时采访了尼勒加卡·简帕（Nelegak Janepa），当60年前他还是个孩子时，科莱恩探险队的摄影师弗里茨·维塞尔（Frits Wissel）曾给他拍过一张照片（图80）。1997年尼勒加卡已经成为一名近乎失明老人，他回忆了自己当时与一群陌生人的相遇，他们给了他一件衬衫，并在他的脖子上戴了一串珠子和一面镜子（可以在维塞尔的照片中看到）。在照片中看到已故多时的亲人的样子，阿蒙梅人激动得流下了眼泪，他们把照片在整个部族中互相传阅。[46] 同样的，在最近人类学项目的支持下，人类学家阿尔弗雷德·C.哈顿（Alfred C.Haddon，1855—1940）1914年在巴布亚拍摄的照片也在普拉里三角洲部族（Purari Delta communities）中发挥了各种各样的新作用，这个部族一直在身份、祖先和资源等方面进行争斗。[47]

在探险中，照片和摄影成了礼仪式交流的一部分。可以肯定的是，这种交流经常会向有利于西方探险者的一方倾斜。不过，很多原住民虽处在相对弱势的地位，却在积极地表现自己。他们很会谈拍照条件，要求探险者付费，或者拍照时要尊重他们，有的还很会拿捏自己拍照的姿势和样子。[48] 数十年前的探险家在遥远的土地上拍摄的照片今天有了新的用途，让原住民了解自己的祖先和他们自己的故事。[49] 这说明照片具有很多不同的身份，不仅是追寻遥远祖先的物质线索，还是促进人类新的交流的助推器，它让人们看到了个人、群体和组织机构之间关系发展的历史。下一章将深入说明探险照片不是具有固定含义的静态容器，而是有丰富的潜在作用和意义的多变事物。

Geographical

WALLY HERBERT
Master of the ice

**'DON'T CALL ME
AN EXPLORER!'**
What's in a word?

PEN HADOW
DIGS DEEP IN
THE ARCHIVES

EXPLORE

**SCOTLAND'S FORGOTTEN EXPLORER
THE AGE OF ADVENTURE TRAVEL
PLANNING YOUR EXPEDITION**

www.geographical.co.uk
NOVEMBER 2005 UK £3.50

9 770016 741112

THE MAGAZINE OF THE ROYAL GEOGRAPHICAL SOCIETY

第五章

收获与声誉

　　从摄影初期开始，人们对探险的看法及探险活动的内容发生了巨大的变化。"探险家"的标签虽然在过去也并不总是让人骄傲，但是现在肯定不会有人像过去一样大声宣布高调庆贺自己是探险家。2005年《地理》（*Geographical*）杂志投票选出25位杰出的英国探险家，不过大众对"探险家"这个词的英雄主义色彩表示不满，不愿意这样称呼。不过《地理》等出版物的畅销说明有关探险和探险家的想法和照片仍然具有强大的吸引力。《地理》杂志"探险号"特别刊的封面是英国探险家潘·哈多（Pen Hadow）的一张大幅照片，照片中他正在进行2003年从加拿大到地理北极点无资助的单人探险（图81）。哈多以"我是世界之王"的姿势把整个世界看在眼里、踩在脚下。广角镜头和抬高的相机给人一种远处是无限空间的错觉，我们从哈多的护目镜中看到的北极景色被巧妙地藏了起来。

　　要辨别一个人在"游客""旅行家"和"探险家"这三个相互转化、相互渗透的类别里属于哪一类，摄影起到了巨大的作用。1979年，约翰·卡斯敏（John Kasmin）拍摄的一张旅行作家、摄影师布鲁斯·查特文（Bruce Chatwin）在西非的贝宁人民共和国（People's Republic of Benin，今天

（对页）图81
《地理》杂志的封面，LXXVII/11（2005年9月），英国探险家潘·哈多在他的2003年无资助单人北极探险中。

149

的贝宁共和国）火车站打发时间的照片在摄影领域中人人
皆知（图 82）。查特文不能接受"探险家"的叫法，他甚至
不喜欢"旅行作家"这个称谓。他的文学作品及照片的类型
和主题千变万化，不过这恰恰证明他在现代化、安定的西
方社会感到深深不安。[1] 正是他这种逃避和不安的特质，
再加上他明星般的长相和过早的逝世让他成为现代文学流
浪者的一个象征。查特文的这些特质在他的一些照片中有
清晰的体现，其中最著名的一张就是他在摄影棚里的自拍
照，照片中他站在那里，脖子上挂着一双粗糙的皮靴，就
像一个即将展开勇敢旅行的探险家。[2] 与此相反，卡斯敏
的这张照片是一个朋友随意拍的快照，从来也没想过当书
皮或杂志的封面。在照片中，查特文显然没有发觉自己正
在被拍，他躺在棕色的站台地板上，全神贯注地读着手中
的书。他读的是法国作家于斯曼（Joris-Karl Huysmans）的

图 82

约翰·卡斯敏拍摄，
布鲁斯·查特文在西非贝
宁人民共和国的火车站打
发时间，1979 年，35 毫米
彩色胶片拍摄的照片。

作品《逆天》（À rebours，1884），这本书的话题之一就是在思想的旅行中，人们与现实的交流不够充分。卡斯敏认为查特文读的书"看起来与我们现在的社会格格不入"，[3]不过书中的感情查特文一定能够理解。他的这张照片也充分证明了探险家在想象中的遨游跟脚下的旅行一样多。

19 世纪 40 年代以来，摄影与探险一直有一种亲密而复杂的关系。照片虽然没有取代其他形式的图像记录，但被公认为是捕捉、传递探险信息最可靠、最实用的工具之一。摄影在出现之初是专业人员才能使用的一种笨重、低效的艺术。然而到了 19 世纪 80 年代，探险家已经可以比较轻松地在探险中携带胶片相机摄影了。随着摄影技术的发展，照片的市场不断扩大，探险家和赞助商开始利用摄影和其他媒体设备赚取利益。现在，数字化的摄影、打印和展览方式早已今非昔比，正如许多探险摄影资料所示，这给了储存、研究和展示历史照片一个独特的机会。[4]不过，如今无处不在的数字图片，尤其是通过电子设备观看的数字影像掩盖了摄影最精彩的一个方面，即各式各样用以冲印和展示影像的材质。探险照片本身就是不拘一格的，它可以以各种不同的方式呈现出来，比如张贴在皮面装订的大相册上的手工照片，或者使用幕布投放的幻灯片。

一些大师级的摄影师所摄制的探险英雄时代的照片很快成为一种标志，深深扎根于人们共同的文化视网膜中，以至于今天的摄影师再无法通过现在的眼睛拍摄出那样的景色。例如，要深入南极洲，就离不开照片。[5]今天到南极的旅行者有意无意地都在跟随着早期西方探险照片中的脚步，他们用相机来确认这片原始荒野，并把自己打造成冒险家的形象。今天，每年成千上万来到南极洲的旅行者都会在自己国家的国旗旁拍照留念。有些人会激动地留下一面国旗作为自己来过的证据。来南极探险的神话如此迷人，大多数人都不愿意去考虑各项旅游、科学和军队设施对南极带来的改变，更不会去拍下这类照片。随着南极和北极正在成为地理政治和气候变化的指示表，我们越来越需要重新设想一张这两片土地的主流文化形象照。[6]

在 21 世纪，享有优待的社会精英可以更加舒适自在地踏上旅程。不管是亚马逊的丛林还是北极的不毛之地，荒僻的区域不再是只有少数勇敢的探险家披荆斩棘才能征服的土地，任何配备了适当工具的人都可以去。南极洲也好，加拉帕戈斯群岛（Galápagos Islands）也罢，如今尚未被人类规划上旅游路线的真正荒僻之地已经寥寥可数。探险家们填充上世界各处的"空白之地"后，旅游者就会跟随他们的脚步纷至沓来。矛盾的是，许多探险家寻求的无拘无束的自然、原始的荒野和杳无人迹的景色被逐渐破坏，其中一类破坏者就是最热衷于发现它们的人。从极地探险到登陆月球，本书提到的大部分照片都表明重大探险中所拍摄的照片具有标志性，代表着人类坚韧、博学的持久品质和强大的操控能力。然而，今天迅速变化的全球环境和其他挑战要求我们有一个全新的探险视角。欧美探险的照片已通过强硬的方式形成了共同化的虚构地理。探险摄影师的拍摄动机和他们照片所展示的意义比平时在社会中广为流传的一类照片要复杂得多。更加深入地理解过去形形色色的探险照片或许可以为我们未来的发展指明方向。

真实与美丽

人们对探险照片的信任主要源于一种文化设想，认为实地照片能够为我们留住世界的踪迹。美术家用双手一笔笔勾勒成画，而摄影师则只能选择一处景色，通过曝光底片来"作画"。这种对自然的便携式刻画像标本一样被探险家带回家园，作为他们成就的图像证据。木雕画和版画是一群几乎从未出过画室的美术家雕出来的，与此不同，探险照片通常是在实地拍摄的。不过照片作为探险记录资料也并不能完全保证准确性和可靠性。例如，萨拉特·钱德拉·达斯（Sarat Chandra Das）在他的《拉萨及西藏中部旅行记》（*Journey to Lhasa and Central Tibet*，1902）一书中讲述他20年前在西藏秘密探险的书中插入了很多照片，他暗示这些照片记录了自己当时的亲身经历，不过有几张是商业摄影师在摄影棚里拍摄的，还有一些展现西藏习俗的照片是他在印度北部大吉岭的家中附近雇用几个藏族演员在模拟背景中拍摄的。[7]

可靠性与真实性的问题一直出现在探险家的照片中。人们对照片的认可在很大程度上取决于拍摄者的社会声誉。例如，库克和皮里分别证明自己登上北极点的照片和其他证据在当时的真实度主要依靠有权势的个人和组织的支持。地理因素也十分重要，库克的照片和说法在斯堪的纳维亚得到了更多的认可，因为那里有很多他的支持者；而在美国，皮里和他的后援则对他发起了猛烈的抨击。到了1957年，美国国家地理学会已经完全支持皮里疑点重重的证据，因为他与他们的声誉密切相关。不过，最终由于没有其他观察性的数据支撑，皮里和库克的照片都无法充分证明自己的说法。

虽然照片具有真实性，却不能将探险中的刺激、速度和感情完全传达出来。即使到了20世纪早期，探险书籍中能够穿插上百张照片时，作者和出版商还是会放入一些手绘的图像来代替照片无法捕捉的紧张瞬间。例如罗尔德·阿蒙森的《西北航道》（1908）中就借用一张手绘图来展现他的轮船"佳阿号"起火的场景。[8] 即使杰出的摄影师赫伯特·庞廷也会在他的书《白色最南端》（*The Great White South*，1921，图83）中借助美术家欧内斯特·林泽尔（Ernest

Painted by Ernest Linzell.

63]

ATTACKED BY KILLER WHALES.

Linzell）的画作来表现自己手拿着相机站在浮冰上，遭遇虎鲸袭击的情景。

　　对探险照片"造假"的质疑之声几乎与摄影的历史一样悠久。弗兰克·赫尔利等摄影师通过在拍摄时摆姿势造型，在暗室中操作、修改冲印好的照片等各种手段来制造能够表达人类探险故事中刺激瞬间的照片。在1914—1917年南极探险期间，赫尔利在"持久号"轮船撞上冰川之后不得不丢弃他笨重的大画幅相机和400多张沉重的玻璃干版底片。他带着一架"柯达袖珍相机"、硝酸胶片和大约150张最好的玻璃干版底片与其他船员在海上度过了危险四伏的7天之后来到象岛（Elephant Island）。1916年4月，沙克尔顿和5名同伴又乘坐一艘捕鲸船"詹姆斯·凯尔德号"（James Caird）从这里出发穿越危险重重的南大洋（Southern

图 83
　　"被虎鲸袭击"，欧内斯特·林泽尔画作的半色调处理品，出现在赫伯特·庞廷《白色最南端》一书中。

154

Ocean）来到南乔治亚岛（South Georgia），他们筋疲力尽地航行了 17 天，航程约 1287 千米（800 英里）。赫尔利用柯达相机拍下了"詹姆斯·凯尔德号"离开象岛时的情景，他和剩下的探险队员只能怀着获救的希望等待他们归来（图84）。沙克尔顿奇迹般地抵达了南乔治亚岛，由陆路来到人类的居住区，并最终返回救出被困的队员。这个救援故事十分惊险，赫尔利回到伦敦后很快就把他的照片发给了他的设备赞助商柯达公司，他把这张照片的主题从离开变为拯救。这张标题为"为救援船喝彩"的照片被大量复制并做成了幻灯片。在这张大幅面的版式中对原照片的右侧进行了裁剪，目的是让岸上的人在整个框架中显得更规则，

图 84
　弗兰克·赫尔利拍摄，
"'詹姆斯·凯尔德号'
出发前往南乔治亚岛"，
1916 年 4 月 24 日，蛋白
蜡照，20.2×25.2 厘米。

精心的修版润色提高了冰雪覆盖的山峰和天空的反差，放大了海水的波涛和远处船上挥舞手臂的船员等细节。这张照片展现了困在象岛 4 个月等待救援的队员的背影，他们的眼睛都紧紧盯着远处的小船。赫尔利在他的出版物中还用同一张照片经过修版之后展现神圣的阳光洒在救援船上的样子。他在书中说："悬在空中的心放下了……一艘船正向岸边驶来。大家都高声欢呼，迎接它的到来。"[9] 赫尔利的书中还插入了其他图片，有照片、有图画，还有二者的结合物，与所有图片一样，当人们打开这张照片时，它的拍摄环境已经远不及它所表达的这次惊险事件重要了。

赫尔利对照片的改编虽然在后来引起了争议，尤其是他在第一次世界大战期间创造性地使用了合成照片，不过他对探险照片的改编并没有什么特别的新意。从摄影发明之初，拍摄者和观赏者就知道人们可以根据个人的想法在拍照前进行场景布置，也可以对照片修版润色、进行艺术性改造，还可以让它扭曲失真。威廉·布拉德福德的《北极地区》中就有一些经过修改的照片，有的增加了几个人物或船只，有的通过几张底片合成冲印来增加整体的艺术感。[10] 如果不对天空过度曝光，蓝敏湿版火棉胶感光剂就无法记录天空和前景，为了避免此类问题，早期的摄影手册会建议将天空和陆地分开曝光，或者将多张底片合成冲印。与很多早期的风景摄影师一样，埃德沃德·迈布里奇最初在冲洗美国景观的照片时会使用两张底片来合成。不过为了让拍出的照片更加逼真自然，他设计了一种天空阴影相机并在 1869 年申请了专利。

摄影师通过各种形式来展现自己的作品，像幻灯片、插画书、相片集等等。19 世纪晚期，尤其是 1888 年柯达胶卷相机问世之后，相片集出现了各种不同的类型和内容。1904 年的柯达目录收录了 47 种不同的相片集。[11] 一些探险者把自己的照片编成相片集作为半公半私的文件，用这种方法把自己添加到探险记录资料中。奥布里·霍华德·宁尼斯（Aubrey Howard Ninnis，1883—1956）是 1914—1916年大英帝国横越南极探险和 1916—1917 年政府救济探险的乘务长，他把自己的照片编成两本相片集来记录自己和命运曲折的"罗斯海探险队"成员的经历。宁尼斯按照主题而不是年代来编辑相片集，因此整页都是海鸥、狼狗和船上摄影工作的照片（图 85）。宁尼斯的照片不如赫尔利的照片名气大，这不仅因为赫尔利是官方职业摄影师，也因为宁尼斯参加的这次沙克尔顿探险（3 名人员在探险中去世）被那次有名的象岛救援掩盖了光芒。

职业摄影师并不反对相片集的创意模式。弗兰克·赫尔利在担任 1914—1917 年沙克尔顿南极探险的摄影师期间，在"持久号"轮船上制作了一批照片并收入他的"绿相簿"（Green Album）中。冲印这些照片的玻璃干版底片后来都被他丢弃了，因为船上空间太小，又必须保持干燥。赫尔利打算用相簿照片制作"中间底片"，他在起航之前将相簿锁在一个铜箱内并将箱盖焊死。相簿中的照片有的经过了复杂的裁剪、拼接，有的还会互相遮盖（图 86）。在这张插图中，最中间的照片是从"持久号"轮船的瞭望台上向下拍的，镜头穿过威德尔海上的浮冰，捕捉"大片的荒原、惊人摄魄的画面"。[12] 两根桅杆探出照片上缘，覆盖在上方一张冰川照片上。左下方是一张条形照片，照片中是海面上刚刚结成的一层美丽冰晶，赫尔利把它们喻为一片白色的康乃馨。[13] 他将同伴、船只、冰与海的照片重新排列，让它们围绕在自己写的文字周围。他的相簿提供了很多观赏角度，并打破了传统的照片排列方式。比起这种布局，让观赏者印象更加深刻的是照片的边缘："布局是闭合、静止的，而照片的边缘无限延伸，暗示着一种流动，更加准

图 85

　　奥布里·霍华德·宁尼斯，印刷在纸上的明胶银盐
照片：两本记录大英帝国横越南极探险（1914—1917）
和政府罗斯海救济探险（1916—1917）的相片集之一中
的一页。

图 86
　弗兰克·赫尔利拍摄，
"大型浮冰之间的裂缝"，
赫尔利"绿相簿"中的一页，
1914—1917 年大英帝国横
越南极的探险照片。

确地表达出摄影这一举动本身。"[14]

　　赫尔利的"绿相簿"属于一种通俗摄影，它表现了很多
制作、使用照片的人长期以来的一个做法：按照某种规则
和顺序将照片进行裁剪、拼接，以表现自己的创造敏锐度。
在形态学中，这种抽象、打破常规的排列利用特殊色调和
形态，深深吸引着创作者本身。而观赏者看到的也不再只
是照片，而是它在整个框架中所表现的含义。[15] 赫尔利
在"持久号"上通过有限的方法在相簿中安排照片，后来这
本相簿又经过了多年的增补、注释和修改，照片的日期和
地点已经无法完全辨认了。它抵制照片作为展现世界的窗
口或者资料记录的传统身份。赫尔利通过创造性的排列和

布局，在相簿中展现了自己对这次探险时间、空间的感受。赫尔利同时也放弃成为一名故事作者，与弗洛拉·迈布里奇 30 年前制作的相簿中的作品一样（图 56），他的这些照片成了一段故事的一部分，这个故事对相簿编辑者来说清晰动人，而今天的阅读者则难以理解。很多相簿展现的都是一种"悬在空中的对话"，作者希望它能像表演一样，让照片有声有色地讲述某个人的经历和记忆。[16]

今天，旅行者和探险者不仅可以自己用相机记录旅程，还可以立刻把照片发往世界各地。照片的拍摄、传播、处理都变得越来越容易。这种摄影的自由同时也让探险者越来越难掌控自己的照片被使用的程度。俄罗斯国旗立在北极海底的照片在网上大量传播，给俄罗斯探险队和它的支持者带来了各种评判和批评（图 12）。[17]

照片实体的存放

探险照片的作用不仅源于它所展现的影像，也源于它本身的实物性。当我们研究探险家是如何在千里之外通过照片来为自己、为所爱的人、为赞助商和同胞们留下影像资料时，摄影的物质形式就变得十分重要。1905年，罗尔德·阿蒙森在"佳阿号"探险队的主要科学工作地——"诺伊迈尔半岛（Neumayer Peninsula）"上埋下了一张照片，照片中是他的赞助商、后来的德国海洋气象台（Deutsche Seewarte）总指挥G.冯·诺伊迈尔（G.von Neumayer）教授。[18] 这时候，照片的所在地就比它的内容显得重要得多。

一些探险照片被照片中的人赋予了一种共同的情感。例如，1922 年在古利德维肯（Grytviken），沙克尔顿 - 罗利特（Shackleton-Rowlett）探险队的成员在"探索号"（Quest）轮船上拍了一张照片，这时探险队的领队欧内斯特·沙克

尔顿已经去世，这张照片成了联结这支队伍的强大纽带（图 87）。它连同一张探险队成员的签名布被放置在位于希望角（Hope Point）的沙克尔顿纪念碑底座上。1941 年为了设置防卫武器，这座纪念碑被迁移，照片也被一起带走了。经过几次转移之后，它于 1997 年回到伦敦皇家地理学会。它是对沙克尔顿的纪念，表现了探险队员之间密切的联系和他们在南北半球的迁移。[19]

除了用照片展示自己来到某处之外，探险家通常也会留下照片作为自己踪迹的证明。1972 年，第 10 名在月球行走的人类、"阿波罗 16 号"的宇航员查尔斯·杜克（Charles Duke）在月球留下了一张他的全家福，并拍下了自己的这一举动（图 88）。他后来回忆说：

我带了一张全家的照片，两个孩子分别 5 岁和 7 岁。我在 NASA 的一名同事劳迪·本杰明（Loudy Benjamin）曾在我家后院帮我们拍了这张照片，我把它装在收缩袋里带到了月球。在照片的背后我们写道："这是来自地球的宇航员杜克和他的一家。1972 年 4 月登陆月球。"然后孩子们签上自己的名字，好让自己也能够参与到这次登陆中。我把这张照片留在了月球上，又拍了一张它的照片。现在这张照片是我们拥有的最美好的一样东西。[20]

在这张全家福中，查尔斯·杜克和妻子桃乐茜（多蒂）（Dorothy，"Dottie"）坐在椅子上，前面是他们的两个儿子查尔斯和汤姆。他们身上红色和蓝色的衣服、白色的照片边框，再加上亮晶晶的塑料包装，使得这张照片与阴暗的灰色月壤形成了鲜明的对比。像一名热切的观光摄影师一样，查尔斯·杜克想要在月球上留下自己全家的一个完美形象。这张照片是他在月球表面对着全家福拍摄的三张

图 88

　　查尔斯·杜克拍摄，留在笛卡尔高地（Descartes Highlands）上的宇航员查尔斯·杜克的全家福，"阿波罗 16 号"，1972 年 4 月，70 毫米彩色胶片拍摄的照片。

照片之一，照片边缘的脚印和轮胎印正在大声宣布："我来过这里。"查尔斯·杜克还在月球上用地形术语写下了自己的家人。"凯特"（Cat）月坑是以"查尔斯和汤姆"的首字母命名的。因为这张照片是为以后来到月球的旅客（可能根本不是人类）准备的，所以这张全家福也是为了展现积极的人类关系和情感。照片中穿着盛装的幸福家庭是美国家庭生活的缩影，在 20 世纪 70 年代的相簿中可以看到上百万张像这样的美国中层家庭的照片。不过，即使是对这样有名的宇航员家庭来说，一天天真实的生活绝对比照片中展示的要复杂得多。杜克的妻子多蒂曾讲述自己丈夫对工作的沉迷给她带来的烦恼和沮丧，以及她如何通过信奉基督教而获得重生。杜克后来也跟随妻子成为一名基督见证人，并创立了杜克牧师班（Duke Ministry for Christ）。[21]

作为一张家庭照，杜克的这件纪念品经历了一次从地球到月球的特殊旅行。杜克拍摄的这张他的全家福在月球上的照片一点也不比它被装在收缩袋里的"前身"名气小，今天这张照片已经通过网络传遍全球。[22] 虽然今天我们已经步入了电子图片占主导的时代，纸质照片对探险者来说仍然具有特殊的意义。例如，英国著名探险家贝尔·格里尔斯（Bear Grylls）曾在 2012 年承认自己每次探险时鞋子里都有一张全家的照片。

另一点值得注意的是，在这个电影和电视的时代，单一的、静态的照片是如何停留在人们的记忆里。1986 年，"挑战者号"航天飞机在美国卡纳维拉尔角（Cape Canaveral）上空爆炸，飞机上的 7 名宇航员全部遇难，其中有一名是首位平民宇航员，他是一名学校老师，他的出现本来是想促进人们对太空事业的支持。对于上百万观看直播的美国民众，尤其是学校的学生来说，这是一次结局惨烈的太空探索画面。有关这次事故的静态照片在美国人心中成了一种标志，尤其是 NASA 拍摄的一张照片，照片中是爆炸后产生的一团浓厚的白色气体，有碎片正在下落，而背景是一片干净的蓝天（图 89）。这张照片比较抽象，我们看到的正是爆炸现场，拍的位置让我们感觉离爆炸很近，但同时又保持着一段安全的距离。照片中没有飞船或者宇航员的踪影，不过我们可以看到爆炸前、爆炸时和爆炸后飞船的轨迹。从这一点来看，这种"视觉踪迹"十分符合有关太空探险的神话："一种将人类从地球送往星辰的幻想，从拘谨的现实世界来到无限的未来，在那里所有的理想都能够实现。"[23] 这张照片恐怖而优美，具有一种神圣的色彩。作为静态的照片，它所带给我们的震惊比不上视频和声音片段，但是它被美国的主要媒体广泛引用，这张具有标志性的照片安抚了惊慌的民众对太空飞行风险的恐惧，把这件悲剧诠释为一种崇高的牺牲，正是这种牺牲促进了美国对新的科学知识和尖端技术的研究。

探险照片的传播总是有自己特定的地理区域，因此并不总是容易追踪。地理学会等国家级机构的网络在某种程度上能够将探险家推向世界，然而探险家身边的宣传引擎由于受到语言、商业文化的限制，总是局限在某个国家之内。例如 1912 年日本南极探险的照片，虽然阿蒙森曾收录其中一张在他的 1912 年探险报告中，但今天仍然鲜有日本之外的人知道。[24] 不过这并不是在否定摄影在国际探险活动中的伟大作用，1957—1958 年的国际地球物理年汇聚了来自 67 个国家的地球学家，他们以南极洲为重点共同研究全球地理，有关这次盛会的照片便具有非凡的意义。[25]

照片的流行度随着探险者个人声誉的变化而变化，而探险者的声誉又受到不断转变的社会阶层、性别和种族认知的影响。例如，马修·亨森在北极探险回到美国后出版

了一本讲述探险经历的书，并举行了短期的全国巡回演讲。然而，作为一名非裔美国人，他并没有像皮里一样赢得巨大的声誉和利益。他后来在纽约先后做过送报员和售货员，直到去世后才获得了现在的名誉。[26]

　　在 20 世纪的大部分时间内，斯科特南极探险的照片在他名誉的笼罩下成为他的勇敢和自我牺牲的象征。然而在最后的几十年里，由于当年他个人的失败受到调查，他的形象受到了严重的损毁。[27] 与此同时，沙克尔顿1914—1916 年"持久号"探险的照片出现在大量图书和展览（有些是柯达公司赞助的）中，重新捧起了沙克尔顿勇敢、具有领导精神的形象。[28] 最近出版的斯科特上校"遗失"

的照片给了极地故事作者重塑斯科特形象的机会，他们认为斯科特受到了不公正的对待。[29] 英雄主义和国家美德内涵的不断变化使人们对探险照片的解读、摄影师的声誉和照片主题的受认可度也在不断发生着改变。[30]

为了获得认可度和声誉，传记作者、策划人、出版商和历史学家之间出现了激烈的竞争，某些照片的归属人仍然悬而未定。最近，先驱摄影师埃德沃德·迈布里奇的名誉受到了越来越多的非议，因为像具有影响力的韦斯顿·J.尼夫（Weston J. Naef）等一些历史学家和策划人质疑1868年阿拉斯加的照片和1872年约塞米蒂的照片并不是迈布里奇所拍，尼夫是摄影师卡尔顿·沃特金斯的粉丝，他们认为迈布里奇的一些立体照片其实是沃特金斯所拍。[31]

图像领域的足迹

今天的探险最关注的不是另辟蹊径，而是跟随前人或者远程设备的脚步。费利普·费尔南德 - 阿梅斯托（Felipe Fernández-Armesto）曾言："开辟土地、绘制地图的历史工作已经完成了……甚至真正的未知之地也是可以预见的：宇航员和潜水员到达之前，照相机和射电望远镜已经过去了。"[32] 今天勇敢的旅行家踏上前人的脚步，追寻他们从早期探险家的文字和照片中所想象的景观和感受。他们的照片中都是被反复拍摄的景观。一家旅行公司在斯科特去世一百周年时策划了一个巡展旅游项目，带领游客观看"南极盛景"，介绍中写着"没有人不梦想着能够跟随斯科特、沙克尔顿和阿蒙森的脚步来到那片冰冻的荒野"。[33] "脚步追随"式探险的价值值得怀疑，尤其当考虑到这是否只是去赞美和复制一些过时的、无法持久的殖民画面。[34]

不是只有旅游者对跟随早期探险家的步伐感兴趣，很多备受瞩目的探险也是为了重走一些著名探险家的路线，像 2008—2009 年对罗伯特·斯科特和罗尔德·哈蒙森的南极点探险的重演，还有沙克尔顿的子孙和他 1909 年"猎人号"（Nimrod）探险队同事的后代一起完成欧内斯特·沙克尔顿没能成功的南极点探险的尝试。有些探险的目的不只是为了跟随前人的脚步。1999 年，一支国际探险队踏上了寻找英国探险家乔治·马洛里（George Mallory）和安德鲁·欧文（Andrew Irvine）遗体的旅程，这两人于 1924 年攀登珠峰时丧命。这支探险队试图找到欧文的相机，希望从中发现这两人抵达了峰顶的证据。[35] 不过即使发现了相机并成功获得照片，这些照片真的可以结论性地证明他们到达或是没到达峰顶吗？本书中的其他例子已经说明了，探险者在远方的照片很难给他的支持者或者批评者想要的证明。1999 年的这支探险队最终发现并拍下了乔治·马洛里的遗体，他的遗物在美国和英国进行了展示。马洛里没有携带照相机，不过据说他随身带了一张妻子露丝（Ruth）的照片并把它放在了珠峰峰顶。这张照片并没有被找到。很多时候照片并不能解决困扰人们多时的关于成功和先后的问题，照片的存在（在这个例子中是照片的缺席）带来的常常是对某个探险家和某次探险进一步的猜测和一些永久的传说。

甚至连太空探险也想追随和重演照片上前人的成就。2007 年，日本宇宙航空研究开发机构（Japan Aerospace Exploration Agency，JAXA）发射了一枚"月亮女神号"（Kaguya）月球探测器，探测器上装备了两台由日本放送协会（Japan Broadcasting Corporation，NHK）专门研发的高画质高清照相机（Hi-Vision HDTV cameras）。当探测器在月球表面绕月飞行约 100 公里时，配备的广角镜头相机拍下了月球表面的大范围图像，而长焦镜头相机则拍下了很多大型地球照片。虽然这次任务的总目标是获得科学观察数据以研究月球的起源和进化，不过从装备的两台照相机和在强烈呼声下放在 JAXA 及 NHK 网站上的数字照片可以看出，为了公众宣传而拍摄美丽的地球照片也是这次任务的一个明确目标（图 90）。[36] 例如，一系列"地出"照片有意地呼应主题，并模仿了 1868 年威廉·安德斯在"阿波罗 8 号"飞船上拍摄的地球出现在月球水平面上方的照片（图 34）。[37] 不过由于上文中讨论过的种种原因，JAXA 的照片缺少了"阿波罗 8 号"照片的想象力。2009 年，NASA 的环月轨道探测相机（Lunar Reconnaissance Orbiter Camera）传回了"阿波罗号"飞船登陆地点的照片，一些照片中仍然可以看到当年宇航员的脚印，证明美国人确实曾登上月球。[38] 如果后来的月球探险家（极有可能来自印度、中国或俄罗斯）再次来到"阿波罗 11 号"的月球登陆点静海基地（Tranquility Base），他们又会拍出怎样的照片呢？或许他们会拍摄奥尔德林和阿姆斯特朗为了减轻返回绕月轨道时的重量而丢弃的哈苏相机、靴子、背包、空食品袋和尿袋。[39]

　　一些"重拍"项目能够挑战人们对过去和现在的理解。自从 1977—1979 年第一个重拍调查项目（Rephotograph-

©JAXA/NHK

图 90
　"高画质相机拍摄的'地出'照片"，2007 年 11 月 11 日，拍自月球学及工程探测器（"月亮女神号"），日本宇宙航空研究开发机构和日本放送协会发布。

图 91
　　马特·克勒特和拜伦·沃尔夫拍摄，四幅不同时代拍摄的同一个海岸线的照片，特纳亚湖，2002年，数字喷墨打印照片，61×167.6厘米。从左至右依次是：埃德沃德·迈布里奇拍摄，1872年；安塞尔·亚当斯拍摄，1942年；爱德华·韦斯顿拍摄，1937年。嵌在后面的一张是：驱赶蚊子，2002年。

ic Survey Project）开始，摄影师马特·克勒特（Mark Klett）和同伴游历并重新拍摄了上百个19世纪美国西部调查类照片的拍摄地。[40] 他们在这一过程中发现了很多有关早期摄影活动的重大信息，以及文化和环境的变迁。在一个相关项目中，马特·克勒特、瑞贝卡·索尔尼特（Rebecca Solnit）和拜伦·沃尔夫（Byron Wolfe）重走了埃德沃德·迈布里奇在约塞米蒂的摄影之旅，创作了结合不同摄影师作品的大规模艺术性照片，唤起人们对时间和空间的冥思。[41] 例如，他们制作的一张特纳亚湖（Lake Tenaya）海岸线的全景照结合了1872年迈布里奇、1937年爱德华·韦斯顿（Edward Weston）、1942年安塞尔·亚当斯和2002年克勒特及沃尔夫的作品（图91）。这幅作品强调了不同时代的摄影师是如何不约而同地选择了相似的拍摄角度，而又创作出极其不同的作品的。迈布里奇寻求的是刺激和危险，而亚当斯追求的是宏伟和辉煌。这幅作品的美虽然也源于它精准的制图和对真实的原始画面的视觉"回归"，但更多的是由于同一地点不同时代的照片并置在一起所带来的丰富信息。它不是独尊之美，而是共存之美。[42] 它融合了艺术与科学，不再隐藏自己在构建现实中的作用，从搭帐篷、寻找废弃的文物，到赶蚊子、查看水泡，它真实展现了人类与土地的邂逅和交流。

照片的旅行和不断变换的意义

上文中那些"重拍"作品将技术与影像实体相联结，模糊了真实与虚幻、过去与现在的界限，促进了科学与艺术的交流。正如本书中的一些例子所表明的，探险照片并不局限在某个特定的领域，而是随着探险及其意象的变换而在多个领域中穿梭。探险摄影也会拍摄一些经典的外景地，正是这些景点让照片具有了艺术与科学的含义。很多科学机构拍摄的照片资料现在已作为艺术性、装饰性商品通过商业图片库进行销售。

人们在讲述摄影的历史时总是为艺术摄影和科学摄影设置夸张的分界线。其实，正如本书中的很多例子所示，探险摄影既是艺术，又是科学。不仅如此，作为艺术加科学，摄影巧妙地在探险活动中融入了不同的领域。[43] 今天的远程无人驾驶宇宙飞船所拍摄的照片仍然能看到科学与艺术的融合，它们既是复杂的科学数据，又是神奇而壮观的景观。1997 年 NASA 的火星探路者成像器（Mars Pathfinder Imager，IMP）拍摄的第一张 360° 彩色连续全景照片就是一个例子（图 92）。照片的前景是巨大的着陆器翼瓣，翼瓣下面压着泄气后的安全气囊。前景的中间是

图 92

360° 全景照，火星"探路者"登陆点，1997 年 7 月 18 日，NASA。

探路器"寄居者"（Sojourner）滑下的坡道，顺着地上的轨迹我们可以看到"寄居者"正在照片的中间部分研究一块巨大的岩石。"探路者"或者"月亮女神"拍摄的那些照片反映了有关探险和摄影的重要问题。

　　首先，远程探险照相机能够到达人类无法到达的地方，例如最深的海底和遥远的太空。"寄居者"和"探路者"等火星探路者成像器就像一个假体，它们让人类的视线和土地疆域无限延伸，超越了知觉和空间的边界。[44] 不过，虽然外太空探测器传回的照片给了专业人员十分重要的信息，但是他们远不及人类探险者所拍摄的照片更加精彩迷人。因此，遥控拍摄的照片不可能像"阿波罗"计划的照片一样具有标志性，因为它们缺乏文化共鸣，观众不会认为它们是人类观察活动的具体化成果。而人们亲自拍摄的照片就像探险家的足迹一样，是人类到达了新土地的一种标志。一项载人火星计划或者人类潜入地球最深处的探险不需要像发射出去的远程探测器一样拍出具有高度科学性的照片，而且虽然将人类送往全新的、充满危险的环境需要巨大的资金和技术支持，不过对于它的支持者来说，留给后世的关于勇敢和冒险的文字，以及鼓舞人心的照片能够证明一切都是值得的。[45]

其次，这些图片根本就不是照片，而更像是数据图。例如，IMP 的那张全景图是一个立体成像系统通过不同的角度来确保整个图像有持续光线和最小阴影面积，利用一系列可选色彩过滤器经过 3 个火星日来"成像"（而不是"拍摄"）的。随着 X 射线、高速摄影等科技的发展，照相机已经可以制造出超越人眼能力的图像。在这一过程中，它们对合理性和权威性的传统观念提出挑战，并且不再仅仅是图片，而是信息与数据的集合。其实，数字图片与照片有根本性的区别。数字图片把照片中精致的细节和连续的色调转变成了一个近似的数组。数字复印品与原始照片已经难以辨别差异，而这让数字图片的修改和操作也更加容易。它不是从真实中"拍摄"的，而是通过电脑系统进行的一系列加工、重组甚至是伪造的产物。探险摄影如今进入了一个"电脑操纵时代"（age of electrobricolage），摄影与绘画的传统界限已经十分模糊。[46] 一些机构想要保留前数字时代可靠性的标准。例如，《国家地理》杂志拒绝接受数字合成的照片，不过随后就有人指责它不承认 1982年封面上的一张埃及金字塔照片是经过修改的。[47] 不过，由于"修改度"是无法衡量的，所以今天对探险数字图片的合理性和可靠性的疑问比以往任何时候都要复杂而激烈。

摄影数字化、专业的图像处理软件和网络正在以新的形式传播、分享和使用历史探险照片。太空探险爱好者在网络上做了大量工作来鉴定和推广美国太空探险的照片记录。Adobe Photoshop 等电脑软件如今可以将多张照片进行无痕拼接形成一张全景图，也可以用连续的全景图制作立体影片。与此同时，经过数字化处理的照片能够展现从未发生过的探险画面和情境。[48] 数字化处理后的照片让原始探险照片以极高的分辨率在极大的范围内传播，这是照片的拍摄者无法想象的，也是当时的摄影和打印技术无法实现的。例如，1999 年，在"阿波罗 11 号"飞船登陆月球 30 周年的纪念日上，伦敦海沃德画廊（Hayward gallery）举办了一场主题为"满月"（Full Moon）的展览。[49] 这次展览和同时出版的图书展示了大量有关太空旅行、月球景观和登陆月球的巨幅照片，这些照片是从 NASA 在"阿波罗"计划中拍摄的 3.2 万张照片中挑选出来的。照片选出后，由美国摄影艺术家迈克尔·莱特（Michael Light）利用 Adobe Photoshop 对原始底片进行数字化重制。这次展览和同名图书因令人震惊地展现出太空探险的神圣和庄严而在当时受到广泛好评。不过，这些照片也有不真实的一面。比如，为了得到风格一致的色彩、色调和对比度，一些影像资料，尤其是某些特殊任务的影像资料被有意删除了。[50] 很多不小心出现在原探险照片中的杂乱事物，那些胶片乳剂、曝光时长、照片冲洗和复制过程留下的痕迹，连同月尘（Moon-dust）等当时拍摄环境的痕迹都被清理干净，变得和谐一致。然而另一方面，镜头失真或者由于相机抖动造成的影像模糊（比如杜克拍摄的月球上的全家福，图 80）等效果却被保留了下来。那么谁有权决定哪些部分应该被纠正"？他的决定又有什么依据呢？

意想不到的事情在探险和照片的本质中占几成，在有意制作的照片中就占几成。不过，对探险照片颇具创造性的"重制"或许应该受到欢迎。毕竟照片本身提供给人们的只是月球探险实际感受的一些线索。就像宇航员经常说的，太空和月球旅行的经历和感受是各不相同的。而且正如本书中的例子所示，摄影师一直以来都在追求怎样更加清晰地展示他们在实地捕捉的画面、怎样把现场转变成赏心悦目而又激动人心的照片、怎样利用不同的手段实现自己想要的图像效果。虽然很多现代主义摄影师都在谴责对照片的加工处理，不过如果迈布里奇、赫尔利、庞廷等探险摄影师今天还活着，他们一定认为 Adobe Photoshop 这样的软件对探险摄影的艺术性和科学性来说都是一种福利（图88）。虽然数字技术使照片无痕处理成为可能，不过观众对探险活动的数字图像仍充满信任，因为原版照片给了他们文化共鸣，而他们对制作、传播和认证这些处理后的照片的个人、机构也十分信任。只要人们还对"未知世界"的照片（不管是数字图像还是原版照片）感兴趣，摄影就永远是探险的中心元素。照片向观赏者展示了探险活动的踪迹，并将人类的进取精神和取得的成就变成可视化的图像。正是观赏者赋予照片的一切和拍摄者做出的选择给了他们快乐和力量。

注　释

第一章: 开启摄影之旅

1. Herbert G. Ponting, *The Great White South* (London, 1921), 第 vii 页。

2. 同前, 第 294 页。

3. Felix Driver, *Geography Militant: Cultures of Exploration and Empire* (Oxford, 2000); Beau Riffenburg, *The Myth of the Explorer* (London,1993).

4. 可见 Edward W. Said, *Orientalism* (New York, 1979);. Paul Carter, *The Road to Botany Bay: An Essay in Spatial History*(London, 1987); Mary Louise Pratt, *Imperial Eyes: Travel Writing. and Transculturation* (London, 1992).

5. Felix Driver, 'The Active Life: The Explorer as Biographical Subject', in *Oxford Dictionary of National Biography (Oxford DNB)*(Oxford, 2004–), 编辑 H.C.G. Matthew, Brian Harrison and Lawrence Goldman, 电子版参见 www.oxforddnb.com; Simon. Naylor and James R. Ryan, eds, *New Spaces of Exploration* (London,2011); David Livingstone and Charles Withers, eds, *Geographies of Nineteenth-century Science* (Chicago, 2011); Charles W. J. Withers. and Innes M. Keighren, 'Travels into Print: Authoring, Editing and Narratives of Travel and Exploration, c. 1815–c. 1857', *Transactions of the Institute of British Geographers*, 36 (2011), 第 560–73 页。

6. Dane Kennedy, 'British Exploration in the Nineteenth Century:. A Historiographical Survey', *History Compass*, v/6 (2007), 第 1879–1900 页。

7. Helmut Gernsheim and Alison Gernsheim,*A Concise History of. Photography*(London, 1965), 第 27 页; 第 45 页。

8. Huw Lewis-Jones, *Face to Face: Polar Portraits* (Cambridge, 2008).

9. Gaston Tissandier, *A History and Handbook of Photography*, 编辑 John Thomson (London, 1876), 第 135 页。

10. 同前, 第 302 页。

11. J. Thomson, 'Photography and Exploration', *Proceedings of the. Royal Geographical Society*, n.s. xiii (1891), 第 673 页。

12. 参见 Tom McCarthy, *Tintin and the Secret of Literature* (London,2006)。

13. 参见 Patrick Maynard, *The Engine of Visualization: Thinking Through Photography* (Ithaca, NY, 1997)。

14. 参见 Roy Porter, 'Seeing the Past', *Past and Present*, cxviii (1988), 第 187–205 页。

15. Deborah Poole, *Vision, Race and Modernity: A Visual Economy of the Andean Image World* (Princeton, NJ, 1997).

16. Elizabeth Edwards and Janice Hart, 'Introduction: Photographs as Objects', in *Photographs Objects Histories: On the Materiality of Images*, 编辑 Elizabeth Edwards ,Janice Hart (London, 2004), 第 1–15 页。另请参阅 Judy Atfield, *Wild Things: The Material Culture of Everyday Life* (Oxford, 2000), and Geffrey Batchen, *Photography's Objects* (Albuquerque, NM, 1997)。

17. 可见 Richard Bolton, ed, The *Contest of Meaning:Critical Histories of Photography* (Cambridge, MA, 1989); Abigail Solomon-Godeau, *Photography at the Dock* (Minneapolis, MN,1991); Alan Trachtenberg, *Reading American Photographs* (New York, 1989); Robert Hirsch, *Seizing the Light: A History of Photography* (Boston, MA, 1999)。

18. 克里斯平尼称为 "corpothetics" 的一种过程, 见 Christopher Pinney, 'Photos of the Gods': The Printed Image and Political Struggle in India* (London, 2004), 第 8 页。

19. Beau Riffenburgh and Liz Cruwys, *The Photographs of H. G. Ponting* (London, 1998); 编辑 Ann Savours, *Scott's Last Voyage: Through the Antarctic Camera of Herbert Ponting* (London, 1974).

20. 参加 Lorraine Daston and Peter Galison, *Objectivity* (New York, 2007); Jennifer Tucker, *Nature Exposed* (Baltimore, MD, 2005); Phillip Prodger, *Darwin's Camera: Art and Photography in the Theory of Evolution* (Oxford, 2009); Kelley Wilder, *Photography and Science* (London, 2009); 编辑 Ann Thomas, *Beauty of Another*

Order (New Haven, CT, 1997)。

21. Helmut Gernsheim and Alison Gernsheim, *The History of Photography* (London, 1955), 第 54 页。

22. William Bradford, *The Arctic Regions* (London, 1873).

23. E. H. Shackleton, *The Heart of the Antarctic*, 3 卷 (London, 1909)。保存完好带有签名的初版现在卖到 3 万英镑。

24. Max Jones, *The Last Great Quest* (Oxford, 2003), 第 186 页。

25. 编辑 Roland Huntford, *The Amundsen Photographs* (London, 1987), 第 8 页。

26. "获大英帝国勋章的雷诺夫·费恩斯爵士, 主讲人与励志演说家"见网址 www.nyt.co.uk (读取 2011 年 7 月 16 日)。

27. 'Discover Gieves & Hawkes Tailoring: Faces', 见网址 http://discover.gievesandhawkes.com, 读取 2012 年 8 月 3 日。

28. Jones, *Quest*, 第 210 页。

29. 同前, 第 140–41 页; "说明"见 Robert F. Scott, *Journals:Scott's Last Expedition* (Oxford, 2005), 第xxxvi页。

30. 编辑 Christopher Pinney , Nicolas Peterson, *Photography's Other Histories* (London, 2003)。

31. 可见 Felix Driver and Lowri Jones, *Hidden Histories of Exploration* (London, 2010)。

第二章: 征服未知世界

1. 'Russia Plants Flag Under N Pole'见 http://news.bbc.co.uk (2007)。另可参见 Paul Reynolds, 'The Struggle for Arctic Riches', 2010 年 9 月 21 日 , www.bbc.co.uk。

2. 见 Jennifer Tucker, *Nature Exposed* (Baltimore, MD, 2001)。

3. Helen Rozwadowski, *Fathoming the Ocean: The Discovery and Exploration of the Deep Sea* (London, 2005); Margaret Deacon, *Scientists and the Sea, 1650–1900*, 第 2 版 (Aldershot, 1997)。

4. Charles Wyville Thomson and John Murray, *Report on the Scientific Results of the Voyage of HMS Challenger during the years 1873–76* (Edinburgh,1880–95)。报告的内页插图见 www.19thcentury science.org。

5. *Report on the scientific results of the voyage of H.M.S. Challenger*, 卷 i: T. H. Tizard, H. N. Moseley, J. Y. Buchanan and John Murray, *Narrative of the cruise of HMS Challenger* (London, 1885)。

6. John James Wild, *At Anchor: A Narrative of Experiences Afloat and Ashore During the Voyage of hms Challenger from 1872 to 1876* (London, 1878).

7. Eileen V. Brunton, *The Challenger Expedition, 1872–1876: A Visual Index*, 第 2 版 (London, 2004)。

8. J. Horsburgh, *Catalogue of the Photographic Negatives taken during the 'Challenger' Expedition, 1872–1876* (Edinburgh, 1885).

9. Charles Piazzi Smyth, *Teneriffe: An Astronomer's Experiment* (London, 1858), 第 55 页。

10. Jonathan Crary, *Techniques of the Observer* (London, 1992).

11. Oliver Wendell Holmes, 'The Stereoscope and the Stereograph', *Atlantic Monthly*, iii/20 (1859 年 6 月), 第 748 页。

12. Francis Galton, 'On Stereoscopic Maps, Taken from Models of Mountainous Countries', *Journal of the Royal Geographical Society*, 35 (1865), 第 99–104 页。

13. Elizabeth Edwards, *Raw Histories: Photographs, Anthropology and Museums* (Oxford, 2001), 第 2 章 ; Elizabeth Edwards, *The Camera as Historian: Amateur Photographers and Historical Imagination, 1885–1918* (Durham, NC, 2012); Robin Kelsey, *Archive Style: Photographs and Illustrations for us Surveys, 1850–1890* (Berkeley, CA, 2007); Kelley Wilder, *Photography and Science* (London, 2009), 第 3 章。

14. Keith F. Davis, *Désiré Charnay, Expeditionary Photographer* (Albuquerque, NM, 1981).

15. See Andrew Birrell, 'Survey Photography in British Columbia, 1858–1900', *BC Studies*, lii (1982), 第 39–60 页。

16. G. S. Nares, *Narrative of a Voyage to the Polar Sea*, 两卷 (London, 1878)。

17. Fridtjof Nansen, *Farthest North: Being the Record of a Voyage of Exploration of the Ship 'Fram', 1893–1896*, 两卷 (London, 1897); 卷 i, 第 559–61 页。另可参见 Roland Huntford, *Nansen* (London, 1997)。

18. 可见 Aurel Stein, *Innermost Asia*, 四卷 (Oxford, 1928)。

19. 大量麦克米伦的照片参考 www.bowdoin.edu。

20. 皮里和亨森将这些人称为"因纽特人", 他们的因纽特名字的现代拼法为 Iggianguaq, Sigluk, Odaq, Ukkujaaq。

21. Matthew A. Henson, *A Negro Explorer at the North Pole* (New York,1912), 第 136 页。

22. 皮里的出版物有 Robert E. Peary, *Nearest the Pole* (New York, 1907), *The North Pole* (New York, 1910) and *Secrets of Polar Travel* (New York, 1917)。

23. Frederick A. Cook, *My Attainment of the Pole* (New

York, 1911)。另可参见 Frederick A. Cook, 'The Discovery of the Pole', *National Geographic Magazine*, 20 (1909), 第 892–915 页。

24. 见 Robert M. Bryce, *Cook and Peary: The Polar Controversy*, (Mechanicsburg, PA, 1997), 第 795–844 页。

25. 可见 Wally Herbert, *The Noose of Laurels: Robert E. Peary and the Race for the North Pole* (London, 1989); Bruce Henderson, *True North: Peary, Cook, and the Race to the Pole* (New York, 2005). 网络上有大量讨论和照片证明, 见 http://polarcontroversy.com。

26. Roald Amundsen, *The South Pole: An Account of the Norwegian Antarctic Expedition in the 'Fram,' 1910–1912*, 翻译 A. G. Chater, 两卷 (London, 1912), 第 122 页。

27. 'Special South Pole Number', *Illustrated London News*, XCL/3813 (18 May 1912), 第 745–92 页。

28. Arthur G. Chater, *The Discovery of the South Pole. Capt. Amundsen's Expedition* (London, 1912), 第 27 页。

29. 编辑 Roland Huntford, *The Amunsen Photographs* (London, 1987), 第 134–5 页。

30. Roald Amundsen and Lincoln Ellsworth, *The First Flight Across the Polar Sea* (London, 1926), 第 116–26 页。

31. Colin Summerhayes and Peter Beeching, 'Hitler's Antarctic Base:The Myth and the Reality', *Polar Record*, xliii/224 (2007), 第 1–21 页 ,W.J. Mills, *Polar Frontiers: A Historical Encyclopedia*, 两卷 (Oxford, 2003)。

32. 参见 Klaus Dodds, 'To Photograph the Antarctic: British Polar Exploration and the Falkland Islands and Dependencies Aerial Survey Expedition (Fidase)', *Cultural Geographies*, iii/1 (1996), 第 63–89 页。

33. Edmund Hillary, 'The Summit', in John Hunt, *Our Everest Adventure* (Leicester, 1954), 第 108–23 页 ; 引用自第 117–18 页。

34. 见 Joanna Wright, 'The Photographs', in *Everest: Summit of Achievement*, 编辑 Stephen Venables (London, 2003), 另可参见 www.imagingeverest.rgs.org (读取 2010 年 3 月 10 日)。

35. Peter H. Hansen, 'Confetti of Empire: The Conquest of Everest in Nepal, India, Britain, and New Zealand', *Comparative Studies in Society and History*, xlii/2 (2000), 第 307–32 页。*The Conquest of Everest* (1953), National Film and Television Archive, British Film Institute, London。

36. Gary H. Kitmacher, 'Astronaut Still Photography during Apollo', NASA History Division (2004), at http://history.nasa.gov/apollo_photo.html (读取 2012 年 8 月

8 日)。

37. 这一类型的例子见 Chris Kraft, with James L.Schefter, *Flight: My Life in Mission Control* (New York, 2001)。

38. William H. Goetzmann, *New Lands, New Men: America and the Second Great Age of Discovery* (New York, 1986)。另可参见 Stephen J. Pyne, 'Seeking Newer Worlds: Historical Context for Space Exploration', in *Critical Issues in the History of Space Flight*, 编辑 Steven J. Dick , Roger D. Launius (Washington, dc, 2006), 第 1 章。

39. Albert J. Derr, 'Photography Equipment and Techniques: A Surveyof NASA Developments', 1972, NASA sp-5009, NASA, Washington,DC. 另可参见 : *Apollo Lunar Surface Journal*,www.hq.nasa.gov (PDF 格式版本由 Glen Swanson, SteveGarber 提供, 读取 2012 年 8 月 8 日)。

40. 见 Markus Mehring, Phill Parker, David Woods and Eric Jones, 'Reseau Plate', *Apollo Lunar Surface Journal*, 2003 年 11 月 21 日 ,www.hq.nasa.gov (读取 2012 年 8 月 8 日)。

41. 见 Louis Boutan, *La Photographie Sous-Marine et les Progrès de la Photographie* (Paris, 1898). Louis Boutan, 'Submarine Photography' ,in *The Century Illustrated Monthly Magazine*, lvi (May 1898), 第 42–9 页。

42. 可见 Kraft and Schefter, *Flight*。

43. 后来的 "阿波罗" 计划将美国国旗插放在距离登月舱很远的位置, 以确保引擎上升的尾气不会将它炸毁。编辑 Edgar M. Cortright, *Expeditions to the Moon*, NASA, Washington, DC, 第 11.6 章 , http://history.nasa.gov (读取 2012 年 8 月 8 日)。

44. Klauss Dodds, *Pink Ice: Britain and the South Atlantic Empire* (London, 2002); Christy Collis and Quentin Stevens, 'Cold Colonies: Antarctic Spatialities at Mawson and McMurdo Stations', *Cultural Geographies*, xiv/2 (2007), 第 234–54 页。

第三章: 用相机记录自然

1. Denis Cosgrove, *Apollo's Eye: A Cartographic Genealogy of the Earth in Western Imagination* (Baltimore, 2001)。

2. William Abney, *Instruction in Photography* (Chatham, 1871), 第 1 页。

3. 可见 Bernard Smith, *European Vision and the South Pacific*, 第 2 版 (New Haven, CT, 1985); Barbara Maria Stafford, *Voyage into Substance: Art, Science, Nature, and the Illustrated Travel Account, 1760–1840* (Cam-

bridge, MA, 1984); James Krasner, *The Entangled Eye: Visual Perception and the Representation of Nature in Post-Darwinian Narrative* (Oxford, 1992); Geoff Quilley and John Bonehill eds, *William Hodges*, *1744–1797: The Art of Exploration* (London, 2004); Felix Driver and Luciana Martins, eds, *Tropical Visions in an Age of Empire* (Chicago, 2005).

4. David Livingstone to Charles Livingstone, 10 May 1858, in *The Zambezi Expedition of David Livingstone 1858–1863*, 编辑 J.P.R. Wallis, 两卷 (London, 1956), 卷 ii, 第 431 页。

5. 见 Tim Barringer, 'Fabricating Africa: Livingstone and the Visual Image, 1850–1874', in *David Livingstone and the Victorian Encounter with Africa*, 编辑 John M. Mackenzie (London, 1996), 第 169–200 页。

6. 蜡纸底片, 古斯塔夫·雷·格瑞 (Gustave Le Gray) 1850 年发明, 比碘化银相纸的负片质量更好, 但是不如火棉胶底片的感光性和细节性强。

7. David Livingstone, 'Extracts from the Despatches of Dr David Livingstone to the Right Honourable Lord Malmesbury', *Journal of the Royal Geographical Society*, 31 (1861), 第 256–96 页。

8. Peter B. Hales, *William Henry Jackson and the Transformation of the American Landscape* (Philadelphia, 1988).

9. Pierre Bourdieu, *Photography: A Middlebrow Art*, trans. S. Whiteside (London, 1996).

10. 参见 William H. Goetzmann, *Exploration and Empire: The Explorer and the Scientist in the Winning of the American West* (New York,1966); Patricia Limerick, *The Legacy of Conquest: The Unbroken Past of the American West* (New York, 1987); Bruce A. Harvey, *American Geographics: u.s. National Narratives and the Representation of the Non-European World, 1830–1865* (Stanford, CA, 2001)。

11. John Falconer, *India: Pioneering Photographers, 1850–1900* (London, 2001).

12. Robert Herchkowitz, *The British Photographer Abroad: The First Thirty Years* (London, 1980); R. Fabian and H. Adam, *Masters Early Travel Photography* (London, 1983).

13. Joanna Talbot, *Francis Frith* (London, 1985).

14. Philip H. Egerton, *Journal of a Tour through Spiti to the Frontier of Chinese Thibet* (London, 1864).

15. Theodore Hoffman, 'Exploration in Sikkim: to the North-East of Kanchinjinga', *Proceedings of the Royal Geographical Society*, xiv (1892), 第 613–18 页。

16. John Thomson, *Illustrations of China and its People*, 四卷 (London,1873–4); *The Straits of Malacca, Indo-China and China* (London,1875); *The Land and People of China* (London, 1876); *Through China with a Camera* (London, 1898).

17. Herbert G. Ponting, *The Great White South* (London, 1921), 第 67–8 页。

18. H. B. George, *The Oberland and its Glaciers: Explored and Illustrated with Ice-Axe and Camera* (London, 1866), 第 iv 页。

19. Aimé Civiale, *Les Alpes au point de vue de la Géographie physique et de la Géologie. Voyages photographiques* (Paris, 1882).

20. Anne Hammond, *Ansel Adams: Divine Performance* (New Haven,CT, 2002).

21. Sandra Noel, *Everest Pioneer: The Photographs of Captain John Noel* (Stroud, 2003).

22. Frank Hurley, *Argonauts of the South* (London, 1925), 第 v 页。

23. 同前, 第 157 页。

24. 同前, 第 158–9 页。

25. 同前, 见第 162 页。

26. 同前, 见第 183 页。

27. Francis Spufford, *I May Be Some Time: Ice and the English Imagination* (London, 1996).

28. Frederick S. Dellenbaugh, *A Canyon Voyage* (New York, 1908), 第 128 页。

29. James Chapman, *Travels in the Interior of South Africa, 1849–1863*, 编辑 Edward C. Tabler, 两卷 (Cape Town, 1971); James Chapman, 'Notes on South Africa', *Journal of the Royal Geographical Society*, xxx (1860), 第 17–18 页。

30. Chapman, *Travels in the Interior of South Africa*, 卷 ii, 第 211 页。

31. Thor Heyerdahl, *The Kon-Tiki Expedition* (London, 1950).

32. Andrew Wilton and Tim Barringer, *American Sublime: Landscape Painting in the United States, 1820–1880* (London, 2002).

33. Joel Snyder, *American Frontiers: The Photographs of Timothy H.O' Sullivan, 1867–1874* (Millerton, NY, 1981).

34. Peter E. Palmquist, *Carleton E. Watkins: Photographer of the American West* (Albuquerque, NM, 1983); Douglas R. Nickel,*Carleton Watkins: The Art of Perception*

(San Francisco, 1999).

35. 可见 Roy Chapman Andrews, *Ends of the Earth* (New York, 1929); *The New Conquest of Central Asia* (New York,1932); *This Business of Exploring* (New York, 1935)。

36. Sir Vivian Fuchs and Sir Edmund Hillary, *The Crossing of Antarctica: The Commonwealth Trans-Antarctic Expedition, 1955–58* (London, 1958).

37. 可见 Gaston Tissandier, *La Photographie en Ballon* (Paris, 1886)。

38. 对摄影与飞行复杂关系的充分研究参见 Beaumont Newhall, *Airborne Camera:The World from the Air and Outer Space* (New York, 1969), and Denis Cosgrove and William L. Fox, *Photography and Flight* (London, 2010)。

39. Kitty Hauser, *Bloody Old Britain: O.G.S. Crawford and the Archaeology of Modern Life* (London, 2008); *Shadow Sites:Photography, Archaeology, and the British Landscape, 1927–1955*(Oxford, 2007).

40. Hauser, *Shadow Sites*, 第 172 页。

41. 参见 Rebecca Solnit, *River of Shadows: Eadweard Muybridge and the Technological Wild West* (London, 2003), 第 131–40 页。

42. 见 Peter De Bolla, *The Discourse of the Sublime* (Oxford, 1989)。

第四章: 邂逅与交流

1. Michael Bravo and Sverker Sörlin, eds, *Narrating the Arctic* (Canton, MA, 2002); 参见 Dorothy Eber, *Encounters on the Passage* (Toronto, 2008).

2. Roald Amundsen, *The North-West Passage* (New York, 1908).

3. Mary Louise Pratt, *Imperial Eyes* (London, 1992).

4. Bernard Smith, *European Vision and the South Pacific*, 第 2 版 (New Haven, CT, 1985); Henrika Kuklick, *The Savage Within* (Cambridge, 1991); Nicholas Thomas, *Colonialism's Culture* (Princeton, NJ, 1994).

5. Elizabeth Edwards, 'Photographic "Types": The Pursuit of Method', *Visual Anthropology*, 3 (1990), 第 235–58 页; Christopher Pinney, *Photography and Anthropology* (London, 2011).

6. G. W. Stocking, *Victorian Anthropology* (New York, 1987) 第 78–109 页。

7. David Livingstone to Charles Livingstone, 10 May 1858, in *The Zambezi Expedition of David Livingstone, 1858–1863*, 编辑 J.P.R. Wallis (cit. n. 41), 第 431 页。

8. Mary Cowling, *The Artist as Anthropologist* (Cambridge, 1989); Phillip Prodger, *Darwin's Camera* (Oxford, 2009).

9. Eileen V. Brunton, *The Challenger Expedition, 1872–1876: A Visual Index*, 第 2 版 (London, 2004), 第 32 页。

10. 另可参见 Jennifer Tucker, *Nature Exposed* (Baltimore, MD, 2005), 第 198–9 页。

11. 参见 'A Chúlikátá Mishmí Chief in Full Dress', in E. T. Dalton, *Descriptive Ethnology of Bengal* (Calcutta, 1872), plate ix.

12. 参见 Christopher Pinney, *The Coming of Photography in India* (London, 2008)。

13. Paula Fleming and Judith Luskey, *The North American Indian in Early Photographs* (Oxford, 1988); Paula Fleming and Judith Luskey, *Shadow Catchers* (London, 1993); 编辑 Lucy Lippard, *Partial Recall:Photographs of Native North Americans* (New York, 1992).

14. Mick Gidley, *Edward S. Curtis and the North American Indian, Incorporated* (Cambridge, 2000).

15. 1884 年波拿巴王子进行了一次拉普兰民族学探险, 并最终出版了一本插图书和珂罗版照片集, 摄影师 F. Escard. 参见 F. Escard, *Le Prince Roland Bonaparte en Laponie* (Paris, 1886); Anne Maxwell, *Colonial Photography and Exhibitions* (London, 1999), 第 44 页。

16. Maxwell, *Colonial Photography and Exhibitions*.

17. J. W. Lindt, *Picturesque New Guinea* (London, 1887), 第 viii 页。

18. 可见 H. H. Johnston, *British Central Africa* (London,1897)。

19. H. H. Johnston, *The Uganda Protectorate* (London, 1902).

20. H. H. Johnston, 'Hints on Anthropology', in *Hints to Travellers*, 编辑 D. W. Freshfield 及 W. J. L. Wharton, 第 7 版 (London, 1893), 第 445–8 页; 第 447 页。

21. James Griffin, 'Michael James (Mick) Leahy (1901– 1979)', *Australian Dictionary of Biography*, 网络版本 (2011 年 11 月 8 日)。另可参见 Chris Ballard, 'Watching First Contact', *The Journal of Pacific History*, xlv/1 (2010), 第 21–36 页。

22. 另可参见 Michael J. Leahy and Maurice Crain, *The Land That Time Forgot* (New York, 1937)。

23. Patrick French, *Younghusband* (London, 1995), 第257页。

24. 重要异例见 Felix Driver and Lowri Jones, *Hidden Histories of Exploration* (London, 2009), 另可参见 http://hiddenhistories.rgs.org; Donald Simpson, *Dark

Companions (London, 1975); Stephen J. Rockel, *Carriers of Culture* (Portsmouth, 2006); D. J. Waller, *The Pundits: British Exploration of Tibet and Central Axis* (Lexington, KY, 1990)。

25. Beau Riffenburgh, *Myth of the Explorer* (London, 1993), 第 182–90 页。

26. Driver and Jones, *Hidden Histories of Exploration*, 第 22–3 页。

27. 参见 Peter Hansen, 'Partners: Guides and Sherpas in the Alps and Himalayas, 1850s–1950s', in *Voyages and Visions: Towards a Cultural History of Travel*, 编辑 J. Elsner 及 J. P. Rubié (London, 1999), 第 8 章。

28. 博儿早期的书都插有地图和木版画, 像 *A Lady's Life in the Rocky Mountains* (London, 1879) 和 *Unbeaten Tracks in Japan* (1880)。她后来出版的书以婚后名字毕晓普署名, 像 *Journeys in Persia and Kurdistan*, 两卷 (London, 1891) 和 *The Yangtze Valley and Beyond* (London, 1899), 书中有地图和半色调照片参见 Avril M. C. Maddrell, 'Isabella Lucy Bird' in *The Dictionary of Nineteenth-century British Scientists*, 编辑 Bernard Lightman (Bristol, 2004), 卷 i, 第 208–12 页; Dea Birkett, *Spinsters Abroad* (Oxford, 1989)。

29. J. F. (Isabella) Bishop, *Chinese Pictures* (London, 1900), 第 24–64 页。

30. 参见 Avril Maddrell, *Complex Locations* (Oxford, 2009)。

31. Freya Stark, *Beyond Euphrates; Autobiography, 1928–1933* (London,1951), 第 321–3 页。

32. 同前, 第 169–70 页。

33. 参见 Naomi Rosenblum, *A History of Women Photographers*, 第 2 版 (New York, 2000)。

34. 可见 Gertrude Bell, *Desert and the Sown* (London,1907), 一本讲述她 1905 年穿越叙利亚沙漠探险的书。另可参见 H.V.F. Winstone, *Gertrude Bell: The Lady of Iraq* (London,1978); Janet Wallach, *Desert Queen: The Extraordinary Life of Gertrude Bell* (New York, 1999); 另可参见 *The Gertrude Bell Project*, University of Newcastle upon Tyne, www.gerty.ncl.ac.uk。

35. Bertram Thomas, 'Among Some Unknown Tribes of South Arabia',*The Journal of the Royal Anthropological Institute of Great Britain and Ireland*, lix (1929), 第 97–111 页。

36. Bertram Thomas, *Arabia Felix* (London, 1932); Bertram Thomas, 'A Journey into Rub' Al Khali: The Southern Arabian Desert', *The Geographical Journal*, lxxvii/1 (January 1931), 第 1–31 页。

37. 塞西格的 38,000 张负片和 71 本个人相片集现存放于牛津大学皮特利弗斯博物馆, 参见 Wilfred Thesiger, *Desert, Marsh and Mountain* (London, 1979); E. Langham,T. Goaman-Dodson 与 L. Rogers 合编, *Mubarak bin London: Wilfred Thesiger and the Freedom of the Desert* (Abu Dhabi, 2008);Christopher Morton 与 Philip N. Grover 合编, *Wilfred Thesiger in Africa* (London, 2010); Alexander Maitland, *Wilfred Thesiger* (London, 2007); Toby Goaman-Dodson, 'Nomadic Vision:Photography and Visuality in the Work of Wilfred Thesiger', *Journal of the Anthropological Society of Oxford – online*, n.s, iv/1 (2012), 第 74–95 页 (www.isca.ox.ac.uk/publications/jaso)。

38. Freya Stark, *The Coast of Incense: Autobiography, 1933–1939* (London,1953), 第 67 页。更多照片参见第 201 页。

39. M. V. Portman, 'The Exploration and Survey of the Little Andamans', *Proceedings of the Royal Geographical Society*, x (1888), 第 567–76 页。

40. 参见 Elizabeth Edwards, 'Science Visualised: E.H.Man in the Andaman Islands', in *Anthropology and Photography, 1860–1920*, 编辑 Elizabeth Edwards (London, 1992), 第 108–121 页; 第 116 页。

41. 参见 E.H. Man, 'Europeans with a Group of Onges, Little Andaman, 1880s', in *Anthropology and Photography*, pl. 73。

42. M. V. Portman, 'Photography for Anthropologists', *Journal of the Anthropological Institute*, xxc (1896), 第 77 页。

43. E. F. im Thurn, 'Anthropological Uses of the Camera',*Journal of the Anthropological Institute*, xxii (1893), 第 186 页。

44. 参见 James Clifford, *The Predicament of Culture* (Cambridge, MA, 1988)。

45. Susan Meiselas, *Encounters with the Dani* (New York, 2003).

46. C. Ballard, S. Vink, and A. Ploeg, *Race to the Snow* (Amsterdam,2002). 感谢克里斯巴拉德(Chris Ballard)允许我制作这张照片并向我提供它的来源信息。

47. Joshua A. Bell, 'Looking to See: Reflections on Visual Repatriation in the Purari Delta, Gulf Province, Papua New Guinea', in *Museums and Source Communities*, 编辑 Laura Peers 及 Alison Brown (London, 2003), 第 111–22 页。

48. Roslyn Poignant, *Professional Savages: Captive Lives and Western Spectacle* (New Haven, CT, 2004)。

49. 另可参见 Jane Lydon, *Eye Contact: Photographing Indigenous Australians* (London, 2005); Chris Wright, 'Faletau's Photocopy, or the Mutability of Visual History in Roviana', in *Photography, Anthropology and History: Expanding the Frame*, 编辑 Christopher Morton 及 Elizabeth Edwards (London, 2009), 第 223–39 页; Christopher Pinney 与 Nicolas Petersen 合编, *Photography's Other Histories* (London, 2003)。

第五章: 收获与声誉

1. Bruce Chatwin's books include: *In Patagonia* (London, 1977), *The Viceroy of Ouidah* (London, 1989), The Songlines (London, 1987) and *What Am I Doing Here* (London, 1989). 另可参见 *Under the Sun:The Letters of Bruce Chatwin*, 由 Elizabeth Chatwin 与 Nicholas Shakespeare 精选并编辑 (London, 2010)。Chatwin 的摄影作品见 Bruce Chatwin, *Winding Paths: Photographs by Bruce Chatwin*, intro. 编辑 Roberto Calasso (London, 1998); Bruce Chatwin, *Photographs and Notebooks*, intro. 编辑 Francis Wyndham (London, 1993)。

2. 参见 Nicholas Shakespeare, *Bruce Chatwin* (London, 2000), 第 292 页。另可参见 Jonathan Chatwin, '"Anywhere Out of the World": Restlessness in the Work of Bruce Chatwin', 博士论文, 埃克塞特大学, 2008, 第 99–100 页。

3. John Kasmin, personal communication, 2010 年 3 月 2 日。

4. NASA 在网上首次公开了这些摄影作品, 网址 (www.nasaimages.com)。NASA、网络相册和互联网档案库合作, 在网上提供半个世纪以来与太空有关的照片。网址 (www.flickr.com/photos/nasacommons)。剑桥大学斯科特极地研究学院将超过 2 万张历史照片进行了数字化处理, 很多可以在网上看到 (www.spri.cam.ac.uk/library/pictures)。皇家地理学会把自己收藏的大部分探险和旅行的照片做了数字化处理 (www.images.rgs.org)。

5. Kathryn Yusoff, 'Configuring the Field: Photography in Early Twentieth Century Antarctic Exploration', in *New Spaces of Exploration: Geographies of Discovery in the Twentieth Century*, 编辑 Simon Naylor 及 James R. Ryan (London, 2010), 第 3 章。

6. 很多美术家和作家对此做出了巨大贡献。参见 Lisa Bloom and E. Glasberg, 'Visual Culture of the Polar Regions and Global Warming', in *Far Fields: Digital Culture, Climate Change, and the Poles*, 编辑 Andrea Polli 及 Jane Marsching (London, 2011), 第 119–42 页。另可参见 S. Wheeler, *Terra Incognita:Travels in Antarc-tica* (London, 1996), 及 Liz Wells 编辑的 *Landscapes of Exploration* (Plymouth, 2012)。

7. Sarat Chandra Das, *Journey to Lhasa and Central Tibet* (London,1902)。另可参见 Clare Harris, *The Museum on the Roof of the World:Art, Politics and the Representation of Tibet* (Chicago, 2012)。

8. Roald Amundsen, *The North-West Passage* (New York, 1908), 卷 ii, 第 65 页。

9. Frank Hurley, *Argonauts of the South* (London, 1925), 第 279 页。

10 参见 Richard C. Kugler, 编辑, *William Bradford: Sailing Ships and Arctic Seas* (Seattle, WA, 2003)。

11. Philip Stokes, 'The Family Photograph Album: So Great a Cloud of Witnesses', in *The Portrait in Photography*, 编辑 Graham Clarke (London, 1992), 第 193–205 页; 第 194 页。

12. Hurley, *Argonauts of the South*, 第 143 页。

13. 同前, 第 157–60 页。

14. Alan Trachtenberg, 'Likeness as Identity: Reflections on the Daguerrian Mystique', in *The Portrait in Photography*, 编辑 Graham Clarke (London, 1992), 第 173–92 页; 引用自第 190 页。

15. 对 "语言摄影" 的讨论参见 Geoffrey Batchen, *Each Wild Idea: Writing, Photography, History* (London, 2001), 第 56–80 页。

16. Martha Langford, *Suspended Conversations: The Afterlife of Memory in Photographic Albums* (Montreal, 2001)。

17. Richard Galpin, 'The Struggle for Arctic Riches', 2010 年 9 月 22 日, 参见 www.bbc.co.uk。

18. Amundsen, *North-West Passage*, 卷 ii, 第 81–2 页。

19. Frank Wild, *Shackleton's Last Voyage* (London, 1923).

20. 编辑 Glen E. Swanson, '"Before This Decade is Out . . .": Personal Reflections on the Apollo Program [sp4223],' (Washington,DC,1999), 第 11 章, 可参见网址 http://history.nasa.gov。

21. 该故事选自杜克的自传, *Moonwalker* (1990), 与妻子多蒂一同撰写, 还可参见 www.charlieduke.net。

22. 参见 Markus Mehring, 'Data Travel: The Duke Family Portrait',*Apollo 16 Lunar Surface Journal* (2000) 及修改版 AS16-117-18841; 参见网址 www.hg.nasa.gov。

23. Robert Hariman and John Louis Lucaites, *No Caption Needed: Iconic Photographs, Public Culture, and Liberal Democracy* (London, 2007), 第 243–86 页。

24. Roald Amundsen, *The South Pole* (London, 1912), 卷

ii, 第 184 页。

25 Fae L. Korsmo, 'Shaping Up Planet Earth: The International Geophysical Year (1957–8) and Communicating Science Though Print and Film Media', *Science Communication*, xxvi/2 (December 2004), 第 162–87 页。

26. Katherine Morrissey, 'Henson, Matthew Alexander', *American National Biography*, 网络版本; Bradley Robinson, *Dark Companion* (London, 1948). 一些美国评论家认为英国反对皮里, 并且对他和亨森都有偏见, 参见 www.matthewhenson.com。

27. 对斯科特的第一本修正主义传记是 Roland Huntford, *Scott and Amundsen* (London, 1979)。

28. 另可参见 Caroline Alexander, *The Endurance: Shackleton's Legendary Antarctic Expedition*, exh. cat, American Museum of Natural History (New York, 1999). 柯达公司的其他照片见 'The Endurance' at www.kodak.com。

29. David M. Wilson, *The Lost Photographs of Captain Scott* (London,2011).

30. 参见 Elizabeth Baigent, ' "Deeds not Words" ? Life Writing and Early Twentieth-century British Polar Exploration', in *New Spaces of Exploration: Geographies of Discovery in the Twentieth Century*, 编辑 Simon Naylor 及 James R. Ryan (London, 2010), 第 2 章。Stephanie Barczewski, *Antarctic Destinies: Scott, Shackleton, and the Changing Face of Heroism* (London, 2009); Robert Stafford, 'Exploration and Empire', in *The Oxford History of the British Empire*, 卷 v: *Historiography*, 编辑 Robin W. Winks, 主编 William Roger Louis (Oxford, 1999), 第 290–301 页。

31. 尼夫对迈布里奇的评论见 Tyler Green 'Only on man: The Newest Eadweard Muybridge Mystery', http://blogs.artinfo.com (读取 2010 年 6 月 21 日)。对尼夫的说法的重要批评文章见 Rebecca Solnit, 'Feet Off the Ground',*The Guardian*, 2010 年 9 月 4 日, 第 16–17 页。

32. Felipe Fernández-Armesto, *Pathfinders: A Global History of Exploration* (Oxford, 2006).

33. 参见 'Celebrating Scott' at www.theultimatetravel-company.co.uk (读取 2011 年 9 月 5 日)。

34. Christy Collis, ' "Walking in your Footsteps": Footsteps of the Explorers' Expeditions and the Contest for Australian Desert Space', in *New Spaces of Exploration: Geographies of Discovery in the Twentieth Century*, 编辑 Simon Naylor 及 James R. Ryan (London, 2010), 第 10 章 ; Christy Collis, 'Walking and Sitting in the Australian Antarctic Territory: Mobility and Im-perial Space' ,in *The Cultures of Alternative Mobilities: Routes Less Travelled*, 编辑 Phillip Vannini (Guildford, 2007), 第 39–54 页。

35. 有关马洛里和欧文探险的更多信息参见 www.affimer.org/project-1999.html。

36 可见 Susumu Sasaki, 'Greetings', www.selene.jaxa.jp(读取 2011 年 7 月 6 日)。

37. 2009 年 7 月, 月亮女神号完成了观察任务后在地球表面撞毁。有关这一过程的照片参见 'Last shots taken by kaguya's hdtv' ,wms.selene.darts.isas.jaxa.jp (读取 2011 年 7 月 6 日)。

38. 'NASA Spacecraft Images Offer Sharper Views of Apollo Landing Sites', 2011 年 6 月 9 日, 参见网址 www.nasa.gov (读取 2011 年 10 月 5 日)。

39 奥尔德林谈论他们留在月球的物体见 'Apollo Expeditions to the Moon', http://history.nasa.gov, 第 11.6 页。

40. Mark Klett et al, *Second View: The Rephotographic Survey Project* (Albuquerque, NM, 1984); 后续工作见 *Third View* (Albuquerque, NM, 1999) 及网络和互动媒体。参见网址 www.thirdview.org。

41. Mark Klett, Rebecca Solnit and Byron Wolfe, *Yosemite in Time* (San Antonio, TX, 2005). 对当代艺术摄影中的 "tableau photography" 的讨论见 Charlotte Cotton, *The Photograph as Contemporary Art* (London, 2004), 第 58 页。

42. William L. Fox, *View Finder: Mark Klett, Photography, and the Reinvention of Landscape* (Albuquerque, NM, 2001).

43. 参见 Kelley Wilder, *Photography and Science* (London, 2009), 第 102–28 页。

44. 参见 Jason Dittmer, 'Colonialism and Place Creation in Mars Pathfinder Media Coverage', *Geographical Review*, xcvii/1 (2007), 第 112–30 页。

45 例如, 贝拉克·奥巴马 2012 年宣布将在 2030 年启动人类登陆火星并返回计划, 以及詹姆斯·卡梅隆 2012 年对皮卡德和沃尔什 1960 年潜入马里亚纳海沟的评价, 曾在第 2 章谈论。

46. William J. Mitchell, *The Reconfigured Eye: Visual Truth in the Post-photographic Era* (London, 1992), 第 7 页。

47. *National Geographic*, clxii/2 (February 1982), 封面。另可参见 Mitchell, *The Reconfigured Eye*。

48. 《阿波罗月球表面杂志》读者制作的数字照片见 : 'More Creativity: Fun and Inspiration', www.hq.nasa.gov。

49. Michael Light, *Full Moon* (New York, 1999).

50. 参见 Michael Light, 'Apollo Photography and the Color of the Moon', *Apollo Lunar Surface Journal* (2000), www.hq.nasa.gov。

参考文献

Alexander, Caroline, *The Endurance: Shackleton's Legendary Antarctic Expedition*, exh. cat., American Museum of Natural History (New York, 1999)

Ballard, C., S. Vink and A. Ploeg, *Race to the Snow: Photography and the Exploration of Dutch New Guinea*, 1907-1936 (Amsterdam, 2002)

Batchen, Geoffrey, *Photography's Objects* (Albuquerque, nm, 1997)

—, *Each Wild Idea: Writing, Photography, History* (London, 2001)

Bickel, Lennard, *In Search of Frank Hurley* (Melbourne, 1980)

Bloom, Lisa, *Gender on Ice: American Ideologies of Polar Expeditions*(New York, 1993)

Bolton, Richard, ed., *The Contest of Meaning: Critical Histories of Photography* (Cambridge, ma, 1989)

Bryce, Robert M., *Cook and Peary: The Polar Controversy* (Mechanicsburg,pa, 1997)

Cameron, Ian, *To the Farthest Ends of the Earth: 150 Years of World Exploration by the Royal Geographical Society* (London, 1980)

Clarke, Graham, ed., *The Portrait in Photography* (London, 1992)

Cosgrove, Denis E., *Apollo's Eye: A Cartographic Genealogy of the Earth in the Western Imagination* (Baltimore, 2001)

—, Geography and Vision: Seeing, Imagining and Representing the World(London, 2008)

—, and William L. Fox, Photography and Flight (London, 2010)

Daston, Lorraine, and Peter Galison, *Objectivity* (New York, 2007)

Davis, Keith F., *Désiré Charnay, Expeditionary Photographer* (Albuquerque,nm, 1981)

Deacon, Margaret, Tony Rice and Colin Summerhayes, eds,*Understanding the Oceans: A Century of Ocean Exploration*(London, 2001)

Dodds, Klaus, *Pink Ice: Britain and the South Atlantic Empire*(London, 2002)

Driver, Felix, *Geography Militant: Cultures of Exploration and Empire*(Oxford, 2001)

—, and Luciana Martins, eds, *Tropical Visions in an Age of Empire*(London, 2005)

—, and Lowri Jones, *Hidden Histories of Exploration* (London, 2010)

Edwards, Elizabeth, *The Camera as Historian: Amateur Photographers and Historical Imagination*, 1885-1918 (Durham, nc, 2012)

—, ed., Anthropology and Photography, 1860-1920 (New Haven,ct, 1992)

—, and Janice Hart, *Photographs Objects Histories: On the Materiality of Images* (London, 2004)

Ellis, Reuben J., ed., *Vertical Margins: Mountaineering and the Landscapes of Neoimperialism* (Madison, wi, 2001)

Elsner, Jas, and Joan-Pau Rubiés, eds, *Voyages and Visions: Towards a Cultural History of Travel* (London, 1999)

Ennis, Helen, *Man with a Camera: Frank Hurley Overseas (Canberra, 2002)

Fabian, Rainer, and Hans-Christian Adam, *Masters of Early Travel Photography* (London, 1983)

Falconer, John, *India: Pioneering Photographers*, 1850-1900 (London, 2001)

Fernández-Armesto, Felipe, *Pathfinders: A Global History of Exploration*(Oxford, 2006)

Fox, William L., *View Finder: Mark Klett, Photography, and the Reinvention of Landscape* (Albuquerque, nm, 2001)

Gernsheim, Helmut, and Alison Gernsheim, *The History of Photography* (London, 1955)

Gidley, Mick, *Edward S. Curtis and the North American Indian, Incorporated* (Cambridge, 2000)

Goaman–Dodson, Toby, 'Nomadic Vision: Photography and Visuality in the Work of Wilfred Thesiger', *Journal of the Anthropological Society of Oxford – online*, n.s., iv/1 (2012), pp. 74–95, (www.isca.ox.ac.uk/publications/jaso)

Goetzmann, William H., *Exploration and Empire: The Explorer and the Scientist in the Winning of the American West* (New York, 1966)

—, *New Lands, New Men: America and the Second Great Age of Discovery* (New York, 1986)

Hales, Peter B., *William Henry Jackson and the Transformation of the American Landscape* (Philadelphia, 1988)

Hamblin, Jacob, *Oceanographers and the Cold War: Disciples of Marine Science* (Seattle, 2005)

Hammond, Anne, *Ansel Adams: Divine Performance* (New Haven, ct, 2002)

Hauser, Kitty, *Shadow Sites: Photography, Archaeology, and the British Landscape, 1927–1955* (Oxford, 2007)

Henderson, Bruce, *True North: Peary, Cook, and the Race to the Pole* (New York, 2005)

Herchkowitz, Robert, *The British Photographer Abroad: The First Thirty Years* (London, 1980)

Hirsch, Robert, *Seizing the Light: A History of Photography* (Boston, 1999)

Hogan, Thor, *Mars Wars: The Rise and Fall of the Space Exploration Initiative* (Washington, dc, 2007)

Huntford, Roland, ed., *The Amundsen Photographs* (London, 1987)

—, *Scott and Amundsen* (London, 1979)

Jones, Max, *The Last Great Quest: Captain Scott's Antarctic Sacrifice* (Oxford, 2003)

Keay, John, *The Royal Geographical Society History of World Exploration* (London, 1991)

Kennedy, Dane, 'British Exploration in the Nineteenth Century: A Historiographical Survey', *History Compass* 5, (2007), pp. 1879–1900

Kitmacher, Gary H., 'Astronaut Still Photography during Apollo', nasa History Division (2004) http://history.nasa.gov

Klett, Mark, et al., *Second View: The Rephotographic Survey Project* (Albuquerque, nm, 1984)

—, et al., *Third View* (Albuquerque, nm, 1999)

—, Rebecca Solnit and Byron Wolfe, *Yosemite in Time* (San Antonio, tx, 2005)

Kuklick, Henrika, and Robert Kohler, eds, *Science in the Field* (Chicago, 1996)

Langford, Martha, *Suspended Conversations: The Afterlife of Memory in Photographic Albums* (Montreal, 2001)

Launius, Roger D., *Frontiers of Space Exploration* (Westport, ct, 1998)

—, 'Interpreting the Moon Landings: Project Apollo and the Historians' *History and Technology*, 22 (2006), pp. 225–55

Lenman, Robin, ed., *The Oxford Companion to the Photograph* (Oxford, 2005)

Lewis–Jones, Huw, *Face to Face: Polar Portraits* (Cambridge, 2008)

—, *Mountain Heroes: Portraits of Adventure* (London, 2011)

Light, Michael, *Full Moon* (New York, 1999)

Livingstone, David N., *The Geographical Tradition: Episodes in the History of a Contested Enterprise* (Oxford, 1992)

—, *Putting Science in its Place: Geographies of Scientific Knowledge* (London, 2003)

Maddrell, Avril, *Complex Locations: Women's Geographical Work in the uk, 1860–1950* (Oxford, 2009)

Martins, Luciana, 'Illusions of Power: Vision, Technology and the Geographical Exploration of the Amazon, 1924–1925', *Journal of Latin American Cultural Studies,* 16 (2007), pp. 285–307

Maynard, Patrick, *The Engine of Visualization: Thinking Through Photography* (Ithaca, ny, 1997)

Miller, David Philip, and Peter Hanns Reill, eds, *Visions of Empire:Voyages, Botany, and Representations of Nature* (New York, 1996)

Mitchell, William J., *The Reconfigured Eye: Visual Truth in the Post–photographic Era* (London, 1992)

Morton, Christopher, and Philip N. Grover, eds, *Wilfred Thesiger in Africa*(London, 2010)

Naylor, Simon, and James R. Ryan, eds, *New Spaces of Exploration:Geographies of Discovery in the Twentieth Century* (London, 2011)

Osborne, Peter D., *Travelling Light: Photography, Travel and Visual Culture*(Manchester, 2000)

Palmquist, Peter E., *Carleton E. Watkins: Photographer of the American West* (Albuquerque, nm, 1983)

Pang, Alex Soojung–Kim, *Empire and the Sun: Victorian Solar Eclipse Expeditions* (Stanford, ca, 2002)

Pinney, Christopher, *Photography and Anthropology* (London, 2011)

— , and Nicolas Peterson, eds, *Photography's Other Histories* (Durham,2003)

Poole, Deborah, *Vision, Race and Modernity: A Visual Economy of the Andean Image World* (Princeton, nj, 1997).

Riffenburgh, Beau, *The Myth of the Explorer: The Press, Sensationalism, and Geographical Discovery* (London, 1993)

— , and Liz Cruwys, *The Photographs of H. G. Ponting* (London, 1998)

Robinson, Jane, *Wayward Women: A Guide to Women Travellers* (Oxford,1990)

Robinson, Michael F, *The Coldest Crucible: Arctic Exploration and American Culture* (Chicago, 2006)

Rosenblum, Naomi, *A History of Women Photographers*, 2nd edn(New York, 2000)

Rozwadowski, Helen *Fathoming the Ocean: The Discovery and Exploration of the Deep Sea* (London, 2005)

Sandweiss, Martha A., *Print the Legend: Photography and the American West* (New Haven, ct, 2002)

Savours, Ann, ed., *Scott's Last Voyage: Through the Antarctic Camera of Herbert Ponting* (London, 1974)

Schwartz, Joan M., and James R. Ryan, eds, *Picturing Place: Photography and the Geographical Imagination* (London, 2003)

Smith, Bernard, *European Vision and the South Pacific* (2nd edn,New Haven, ct, 1985)

Solnit, Rebecca, *River of Shadows: Eadweard Muybridge and the Technological Wild West* (London, 2003)

Solomon–Godeau, Abigail, *Photography at the Dock* (Minneapolis,mn, 1991)

Thomas, Ann, ed., *Beauty of Another Order* (New Haven, ct, 1997)

Trachtenberg, Alan, *Reading American Photographs* (New York, 1989)

Tucker, Jennifer, *Nature Exposed: Photography as Eyewitness in Victorian Science* (Baltimore, md, 2005)

Venables, Stephen, ed., *Everest: Summit of Achievement* (London, 2003)

Wells, Liz, ed., *Landscapes of Exploration* (Plymouth, 2012)

Wilder, Kelley, *Photography and Science* (London, 2009)

Yusoff, Kathryn, ed., *BiPolar* (London, 2008)

致 谢

正如很多探险活动一样，撰写这本书是因为收到出版商的邀请信，然而过程比最初预计的要复杂得多。调查研究和提笔写作始于在贝尔法斯特之时，来到英格兰中部地区后经历了一番波折，最后完稿于康沃尔。有时我会觉得是自己故意选择这样一条困难重重的路线，没有大家的支持和鼓励，我不可能完成这段旅程。首先我要感谢发行人迈克尔·利曼（Michael Leaman），他给予了我极大的耐心。英国社会科学院慷慨地向我提供小型研究补助资金，资助我得到书中的大部分插图，在此我要特别感谢伊丽莎白·怀特（Elizabeth White）的支持。贝尔法斯特女王大学地理学院的同事、莱斯特大学和埃克塞特大学康沃尔校区自始至终都在支持我。我要感谢帮助我查询照片资料的人，他们是皇家地理学会的乔伊·惠勒（Joy Wheeler），斯坦福大学坎托艺术中心的艾利森·阿克巴伊（Allison Akbay）和科林·史汀生（Colin Stinson），剑桥大学斯科特极地研究所的露西·马丁（Lucy Martin），《地理杂志》的基尼·托尔（Geordie Torr），伦敦自然历史博物馆的朱丽叶·麦康奈尔（Juliet McConnell）和莉莎·迪·托马索（Lisa Di Tommaso），牛津大学皮特利弗斯博物馆的克里斯托弗·莫顿（Christopher Morton）、克里斯·巴拉德（Chris Ballard）、乔纳森·查特温（Jonathan Chatwin）、约翰·卡斯敏（John Kasmin）和马克·克勒特（Mark Klett）。西蒙·内勒（Simon Naylor）通读了全书并向我提供了他的想法和对探险历史及科学的专业意见（还有咖啡）。皮特·汉密尔顿（Peter Hamilton）也对本书提出了宝贵的意见。菲力克斯·德赖弗（Felix Driver）给了我踏上旅程的勇气和信心。还有慷慨地与我分享信息、想法和参考资料的朋友和同事，他们是凯伦·安德森（Karen Anderson）、迈克·布拉德肖（Mike Bradshaw）、安格斯·卡梅伦（Angus Cameron）、费德里科·卡缇（Federico Caprotti）、已故的丹尼斯·科斯科罗夫（Denis Cosgrove）、西蒙·库利福德（Simon Culliford）、凯特琳·德西尔维（Caitlin DeSilvey）、克莱尔·哈里斯（Claire Harris）、迈克尔·赫弗南（Michael Heffernan）、鲁娜·约翰逊（Nuala Johnson）、萨提什·库玛（Satish Kumar）、休·里维奇－琼斯（Huw Lewis-Jones）、凯瑟琳·莱申（Catherine Leyshon）、戴维·利文斯通（David Livingstone）、亚历山大·梅特兰（Alexander Maitland）、黛比·弥尔顿（Debbie Milton）、史蒂夫·罗伊尔（Steve Royle）、琼·施瓦兹（Joan Schwartz）、吉姆·塞达维（James Sidaway）、杰姆·索瑟姆（Jem Southam）、詹尼弗·塔克（Jennifer Tucker）、莉兹·威尔斯（Liz Wells）和凯瑟琳·郁瑟夫（Katherine Yussoff）。已故的托比·戈厄曼－托德森（Toby Goaman-Dodson）向我介绍了大量关于摄影和旅行的知识，我十分怀念他的谦逊、幽默和慈祥。最后，我要感谢黛博拉（Deborah）、马克（Mark）和格温（Gwen），他们配合我的工作安排并给了我安慰。黛博拉的鼓励和独有的编辑眼光让我十分珍视，她在最后几年旅途中的顽强毅力让我备受鼓舞。

图片致谢

作者及出版商对以下照片来源和（或）照片使用授权表示感谢：

克里斯·巴拉德（Chris Ballard）的授权：p.146；亨利·鲍尔斯（Henry Bowers）的照片：p.54；© 大卫·C.波萨德教授（Dr David C.Bossard），英国皇家海军舰艇"挑战者号"图书馆，见 http://www.19thcentu-ryscience.org:p.34；© 大英图书馆董事会：p.13(8908.e.2)，36(010095.de.56)；坎托艺术中心：p.111 (Ref:1972.9, page 93)；亚利桑那大学创意摄影收集中心 ©1981 亚利桑那董事会：p.169；© 比耶拉赛利亚基金会：p.95；《地理》的授权：p.148（马丁·哈特利（Martin Hartley）拍摄）；盖蒂图片社：pp.32（娜塔莉亚·科列斯尼科娃 / AFP），68（启斯东公司），70（托马斯·阿伯克龙比（Thomas J. Abercrombie）/《国家地理》），71（埃默里·克里斯多夫（Emory Kristof）/《国家地理》），71（德米特里·科斯秋科夫（Dmitry Kostyukov）/ AFP）；格雷植物标本馆档案室：p.83；© 埃尔热（Hergé）/莫兰萨 2009: p.16；© 日本宇宙航空研究开发机构（JAXA）和日本放送协会（NHK）：p.168；©J.卡斯敏（J. Kasmin）：p.150；玛丽·埃文斯照片库：pp.52, 66；NASA:p.62（AS11-40-5903），64（AS17-145-22157），74（AS17-148-22727），76（AS8-14-2383），162（AS16-117-18841（OF300），165（NASA-HQ-GRIN: GPN-2004-00012），170-1（JPL PIA00752）；苏格兰国家图书馆：p. 80 (Acc. 9942/40.达芙妮福斯克特（Daphne Foskett）夫人的授权；© 伦敦国家历史博物馆 n:p.117 (ref 45854)；© 剑桥大学皮特利弗斯博物馆：p.138 (2004.130.6827.1)；伦敦皇家地理学会：pp.6 A108/001066 (S0000177)，17 RGS A108/000897 (S0004205)，20 A108/001501 (S0004809)，23, 24 LS0834-96(S0016042)，25 (S0000362)，26 A108/001421 (S0004729)，38 X0741/024910 (S0022346)，40-41 RGS X0013/017961 (S0019581)，42 RGS LS/0326-91 (S0011180)，44 A108/001330 (S0000193)，46 PR/076670 (S0015006)，48 S0014657 (LS0676-33)，50 PR/053338 (S0019269)，56 (S0012183)，58PR/026820(A) (S0001056)，79 N02/22.24 (S0010344)，82 RGS PR/039243 (S0010501)，85 A124/002578 (S0002566)，87 G013/23 (S0002681)，88PR/031615 (S0003245)，90 F031/023276 (S0018081)，91 A108/000825 (S0000106)，97 RGS PR/MEE33/0980 (S0001197)，98 PR/043910 (S0000146)，100 PR/042455 (S0000026)，101 (S0019586)，103 X0027/018150 (S0006096)，104 X0027/018158 (S0000038)，106-7PR/034257 (S0000130)，108 TAE K4022 (S0011188)，110 TAE 2347/GL (S0015233) 116 X0073/018808 (S0011715)，119 A124/002496 (S0002647)，120 PR/031613 (S0003245)，121 PR/038224 (S0010480)，123 PR/056481 (S0015176)，125 G058/0381 (S0013501)，126 G034/067 (S0019580)，127PR/055580 (S0000018)，128 PR/073368 (S0001025)，129 PR/026870 (S0010346)，131 PR/MEE21/0279 (S0001428)，132 PR/MEE53/0286 (S0001386)，133 PR/077553 (PR0011249)，135 PR/083920 (PR0012161)，136PR/086053 (S0000574)，137 PR/89367 (S0014328)，139 PR/093296 (S0000529)，141 PR/042869 (S0017376)，143 PR/059756 (S0011303)，155 Pr/043970 (S0000037)，158 G130B, page 17 (S0012078)，161 X0897/001(S0019115)；© 佛罗伦萨，斯卡拉 p.145（盖布朗利博物馆）；斯科特极地研究所：p.159 p66/20/35；伦敦维多利亚与艾伯特博物馆的授权：p.11。

索　引

斜体数字对应插图序号